"十四五"高等职业教育能源类专业系列教材

太阳能光热发电技术

TAIYANGNENG GUANGRE FADIAN JISHU

主　编◎陈思超
副主编◎刘阳平　唐　芳

新形态一体化教材

中国铁道出版社有限公司
CHINA RAILWAY PUBLISHING HOUSE CO., LTD.

内 容 简 介

本书主要内容包括塔式、槽式、菲涅尔式和碟式四种光热发电方式的组成与原理,光热电站关键设备的结构与生产工艺,光热电站换热器及太阳能储热技术,国内外已建光热电站概况及光热电站发展近况等。

本书涵盖的专业知识内容及相关数据均结合了国家太阳能光热产业技术创新战略联盟及CSPPLAZA网发布的专业技术和光热电站项目动态,本书内容框架也经过光热专业教师团队紧密对接专业培训内容及调研企业需求进行了多次重构。书本中穿插了教学课件和微课视频及专业知识点对应的思政教育元素。

本书适合作为高等职业院校太阳能光热技术与应用专业及太阳能相关专业的教材,也可供相关行业内技术人员参考阅读。

图书在版编目(CIP)数据

太阳能光热发电技术/陈思超主编.—北京:中国铁道出版社有限公司,2022.11

"十四五"高等职业教育能源类专业系列教材

ISBN 978-7-113-29699-5

Ⅰ.①太… Ⅱ.①陈… Ⅲ.①太阳能发电-高等职业教育-教材 Ⅳ.①TM615

中国版本图书馆 CIP 数据核字(2022)第 181595 号

书　　名	太阳能光热发电技术
作　　者	陈思超

策　　划	何红艳	编辑部电话:	(010)63560043
责任编辑	何红艳　包　宁		
封面设计	付　巍		
封面制作	刘　颖		
责任校对	安海燕		
责任印制	樊启鹏		

出版发行	中国铁道出版社有限公司(100054,北京市西城区右安门西街8号)
网　　址	http://www.tdpress.com/51eds/
印　　刷	三河市荣展印务有限公司
版　　次	2022年11月第1版　2022年11月第1次印刷
开　　本	787 mm×1 092 mm　1/16　印张:11.75　字数:278 千
书　　号	ISBN 978-7-113-29699-5
定　　价	39.00 元

版权所有　侵权必究

凡购买铁道版图书,如有印制质量问题,请与本社教材图书营销部联系调换。电话:(010)63550836

打击盗版举报电话:(010)63549461

前 言

我国在太阳能低温和高温利用方面居于世界前列,在高温利用方面虽起步较晚,但近十年来,在国家支持、政策引导、科技投入和有识之士及相关企业的努力下,太阳能光热发电技术得以快速发展。

2021年3月15日召开的中央财经委员会第九次会议提出,要构建清洁低碳安全高效的能源体系,控制化石能源总量,着力提高利用效能,实施可再生能源替代行动,深化电力体制改革,构建以新能源为主体的新型电力系统。这是中央层面首次明确了新能源在未来电力系统中的地位。构建以新能源为主体的新型电力系统,意味着随机波动性强的风电和光伏将成为未来电力系统的主体,目前占主导地位的煤电将成为辅助性能源。据预测,在"双碳"目标下,2060年我国一次能源消费总量将达到46亿t标煤,其中非化石能源占比将达到80%以上,风、光成为主要能源,且主要转换成电能进行利用,2060年电力占终端能源消费比例将达到79%~92%。

不同的发电方式都具有其自身的特点,不同特性的发电方式都可以在不同场合发挥其优势,光热发电具有将不可控的太阳辐射能输入转变为可控的电力输出,我国光热发电技术经过十几年的发展,以其可大容量储热、可连续发电、可灵活调节可再生能源等特点和优势有望成为主要的调节电源之一。

国家发展改革委员会2021年6月7日颁布的《关于2021年新能源上网电价政策有关事项的通知》中提出:鼓励各地出台针对性扶持政策,支持光伏发电、海上风电、光热发电等新能源产业持续健康发展。《2030年前碳达峰行动方案》明确提出:积极发展太阳能光热发电,推动建立光热发电与光伏发电、风电互补调节的风光热综合可再生能源发电基地。光热发电可以储热连续发电,可以作为调峰电源,是风力发电和光伏发电不具备的特点,因此在高比例可再生能源并网下,太阳能光热发电可实现与风电光伏及其他能源互补结合的平滑效益,可以起到利用可再生能源、消纳可再生能源作用。由此可见,太阳能光热发电技术是未来新能源体系中不可或缺的一个必需项目。

全书共分七章。第一章介绍了太阳能光热发电基础知识,包括太阳辐射、聚光原理、光热电站选址、光热发电发展历史和现状等;第二章至第五章介绍了光热发电的四种形式:槽式、塔式、碟式和线性菲涅尔式的特点与组成、关键设备、镜场设计、储热设计等专业知识;第六章介绍了光热电站中的换热器特点与相关设计计算;第七章介绍了储能技术,特别介绍了光热发电中的储热技术。

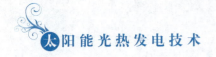

本书的主要特点如下：

（1）专业知识内容均来自编者多年的教学与学习积累，编写团队将多次参与的光热行业培训内容、在教学过程中的经验与学情分析、光热相关平台的最新工艺与动态三者进行了有机融合。

（2）以具有思政特色的光热行业动态作为导读引出学习内容，在学习知识的同时也进行了思政教育学习。

（3）对光热发电主要知识体系的结构框架进行了重构，对知识体系的难易程度进行了筛选，以二维码的形式穿插了丰富的教学资源，适合课程教学的特点，更有利于学生快速学习与掌握。

（4）每一章最后都有思考题作为巩固加深，附表前的练习题可以检验学习效果，方便抓住学习重点。随着光热发电发展的深入及后续教学素材的积累，本书还会不断地进行修改完善，力求将不断更新的专业知识体系呈现出来，力争做到让更多的人越来越了解光热行业，期待我国光热发电行业能得到更好更快的发展。

本书由陈思超任主编，刘阳平、唐芳任副主编。本书编者要特别感谢中国光热产业技术创新战略联盟，为宣传我国太阳能光热发电技术收集推送最新资料，联络各相关单位组织线上或线下的光热学术专题交流等，为我国光热事业做了很大贡献，我们深感钦佩；本书也参考借鉴了很多来自光热联盟的数据；还要衷心感谢湖南理工职业技术学院黄建华教授给予的工作指导；感恩我们光热教学团队的相互帮助。

本书在编写过程中，得到了编者所在学校湖南理工职业技术学院的大力支持和经费资助，系湖南理工职业技术学院2022年校级教材资助项目研究成果（项目编号：2022JC003）。

本书在编写过程中，尽管编者尽心尽力，但由于水平所限，参加太阳能光热发电站的实际建设经验远远不足，书中不妥之处在所难免，恳请广大读者批评指正。

编　者

2022年6月

目　录

第一章　太阳能光热发电基础知识 …… 1
- 第一节　太阳能光热发电简述 …… 2
- 第二节　太阳辐射相关参数 …… 8
- 第三节　太阳的视运动与追踪 …… 13
- 第四节　太阳能光热发电聚光原理 …… 16
- 第五节　太阳能光热发电光学损失分析 …… 19
- 第六节　太阳能光热电站选址 …… 25
- 第七节　太阳能光热发电发展现状与前景分析 …… 34

第二章　槽式光热发电技术 …… 42
- 第一节　槽式电站组成与特点 …… 43
- 第二节　典型槽式电站 …… 45
- 第三节　槽式电站真空集热管 …… 51
- 第四节　抛物面反射镜 …… 59
- 第五节　传热介质导热油 …… 71
- 第六节　太阳能槽式锅炉系统 …… 73

第三章　塔式光热发电技术 …… 80
- 第一节　塔式电站组成与特点 …… 81
- 第二节　典型塔式电站 …… 83
- 第三节　塔式电站吸热器与定日镜 …… 91
- 第四节　传热介质熔融盐 …… 97
- 第五节　塔式电站设计计算 …… 99
- 第六节　塔式电站储热系统设计 …… 106

第四章　碟式光热发电技术 …… 115
- 第一节　碟式光热发电系统组成与特点 …… 116
- 第二节　碟式太阳能聚光器 …… 121
- 第三节　碟式太阳能接收器 …… 123
- 第四节　斯特林发动机 …… 125

第五章 线性菲涅尔光热发电技术 ... 130

- 第一节 线性菲涅尔光热发电系统的组成与特点 ... 131
- 第二节 菲涅尔集热器 ... 132
- 第三节 线性菲涅尔光热电站介绍 ... 133
- 第四节 "全球首个"光热发电项目 ... 136

第六章 光热电站换热器 ... 146

- 第一节 换热器的分类与光热电站换热器特点 ... 147
- 第二节 光热电站换热器流道选择 ... 149
- 第三节 光热电站换热器换热量计算 ... 150
- 第四节 光热电站中的绝热保温 ... 151

第七章 储能技术介绍 ... 153

- 第一节 机械储能 ... 154
- 第二节 热力储能 ... 158
- 第三节 蒸汽蓄热器技术 ... 162
- 第四节 太阳能储热技术 ... 164
- 第五节 固体蓄热与水蓄热、熔融盐蓄热的对比 ... 167
- 第六节 我国储能产业发展现状与特点 ... 169

练习题 ... 171

附表 ... 175

参考文献 ... 181

第一章

太阳能光热发电基础知识

导　　读

清华百年，殷志强谈中国太阳能热利用40年的成果转化之路

清华大学110周年校庆之际，启迪清洁能源刊发题为《校庆献礼　殷志强：启迪数字化分布式＋储能的发展方向——在碳达峰碳中和的大背景下将会有更好的发展前景》的视频文章。文章以采访的形式，重温了在首届太阳能热利用科学技术杰出贡献奖获得者——殷志强教授引领下，中国太阳能热利用40年的成果转化之路。

李旭光：殷老师，1984年您获得了"铝-氮/铝太阳选择性吸收涂层"的发明专利，1994年在印度的国际大会上您说："我只是划了一根火柴。"现在中国已经成为太阳能集热管最大的生产国和使用国，您作为当时的清华大学老师，为什么想到去划这根火柴呢？

殷志强：1978年，因为历史的原因，我们很多科研水平还不及日本生产线的水平，当时松下在北京大山子有一条彩色显像管生产线，我们去参观后发现生产线的水平比清华的科研还要好，所以那条路肯定不好往下走了。1978年10月，美国华裔玻璃专家贝聿昆，拿来了全玻璃真空集热管生产的样品，这是世界上最先进的集热管，里面的夹层是真空的，在内玻璃管的外表面有一层固态薄膜，这个固态薄膜叫太阳选择性吸收涂层，只有头发丝的几百分之一，很薄很薄。工艺技术也比较复杂，具有良好的光热转换性能，太阳吸收比达到90%以上，吸收完以后转化成热，可以达到90～100℃，所以这是一个很高能效的固态薄膜。因为这个契机，我才进入到这个领域。之后带领教研组的同事一起，齐心合力投入研发，系里和学校都非常重视，很快就出了样管，现在样管还保存在伟清楼，我也很荣幸在1980年获得了清华大学校级的先进工作者称号。

李旭光：在20世纪80年代末，当时有产学研结合的背景，在电子系成立了一个成果转化公司，现在太阳能热利用产品得以大量的民用化，您认为，成果转化成功的因素有哪些方面？

殷志强：第一，科技成果转化要有政府的支持，当时国家提出产学研结合，这个很重要，要搞产学研，实际上是把高等学校与企业相结合；第二，靠大家共同努力，热火朝天地去研发，不计较个人得失。当年，没有职称的提升，也不涨工资。我记得当时，做成一个半米长的真空集热管，人家都不懂，我得抱着这支集热管到处去宣传，请人家来用我们的产品，甚至把真空集热管让人家无偿使用，我们为此付出了很多的努力。

——摘自CSPPLAZA网

知识目标

1. 掌握太阳能光热发电原理、发电形式、关键设备；
2. 掌握与太阳能光热发电相关的参数：太阳高度、太阳常数、大气质量、太阳方位角、集热器方位角等；
3. 掌握太阳的视运动定义、地平坐标系与赤道坐标系、反射镜追踪太阳的原理；
4. 掌握几何聚光比和辐射通量聚光比的定义与区别；
5. 了解太阳能光热电站建设选址的基本原则；
6. 了解国内外光热发电现状及前景。

能力目标

1. 能够精确表述出太阳能光热发电的原理及形式；
2. 能够描述光热发电聚光及镜场追踪太阳的原理；
3. 能够区分几何聚光比和辐射通量聚光比；
4. 具备太阳能光热电站选址的基本能力；
5. 能够对太阳能光热发电的发展历史、现状及未来发展趋势进行简单描述。

素质目标

1. 铭记科技兴国、知识就是力量的道理，以科学家为榜样培养刻苦钻研的学习精神；
2. 培养爱国精神，敬畏科学、敬畏行业发展历史；
3. 养成阅读专业性文章、积累专业词汇、及时关注行业动态的习惯。

太阳能发电包括光伏发电和光热发电，太阳能光热发电是太阳能热利用的一种，也是新能源利用的一个重要方向。光热发电需要使用大面积的反射镜将太阳光收集聚焦起来形成高温从而进行发电，其发出的电力为交流电。

第一节 太阳能光热发电简述

一、太阳能光热发电原理

太阳能光热发电，英文简称 CSP（Concentrating Solar Power）。光热发电原理可描述为：利用大规模抛物或碟形镜面聚光收集太阳辐射能，并将其反射到吸热器，吸热器吸收太阳辐射能转化为热能，加热吸热器管内的传热工质，通过换热装置将收集到的热能传递给水转化为高温高压过热蒸汽，结合传统汽轮发电机组的工艺，推动汽轮机运转，带动发电机发电，从而达到发电的目的，其实质是光能到热能到机械能再到电能的能量转化过程。图 1-1 所示为太阳能光热发电过程示意图。

第 ● 章　太阳能光热发电基础知识

图 1-1　太阳能光热发电过程示意图

二、太阳能光热发电形式

太阳能光热发电一般有四种形式，即槽式光热发电、塔式光热发电、碟式光热发电、菲涅尔式光热发电，四种光热电站现场照片示例及原理示意图分别如图 1-2 至图 1-5 所示。

 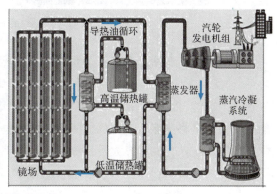

图 1-2　槽式光热电站

 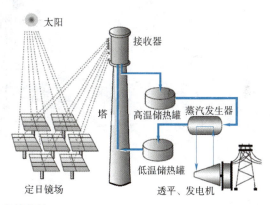

图 1-3　塔式光热电站

 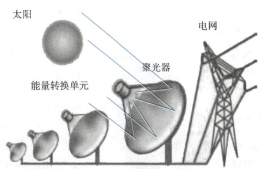

图 1-4　碟式光热电站

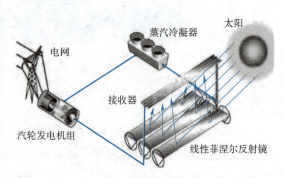

图 1-5　菲涅尔式光热电站

太阳能光热电站可由三个子系统组成,分别称为聚光集热系统、传储热系统、热-功-电转换系统,又称太阳岛、传储热岛、发电岛。聚光集热系统的主要作用是聚集太阳辐射能量,将光能转化为热能,传储热系统的主要作用为将收集到的热能进行传输和存储、热-功-电转换系统的主要作用是将热能转化为机械能再转化为电能,三个子系统联合实现光能最终到电能的转化。以塔式电站为例的三大子系统组成如图 1-6 所示。

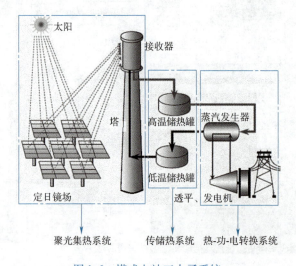

图 1-6　塔式电站三大子系统

四种光热发电方式主要在聚光设备上存在比较大的不同,如图 1-7 所示。槽式光热发电系统主要利用抛物柱面反射镜进行聚光,塔式光热发电系统主要利用平凹面定日镜进行聚光,碟式光热发电系统主要利用旋转抛物面反射镜聚光,菲涅尔式光热发电系统主要利用平面镜元组合聚光。

三、太阳能光热发电技术的特点

太阳能光热发电实质上是太阳能热利用方式之一,从其发电原理上看,是一种清洁能源的绿色利用方式。太阳能光热发电技术的发展对于人类经济社会可持续发展具有重要意义。相比于其他能源利用方式,太阳能光热发电有其独特的发展优势。

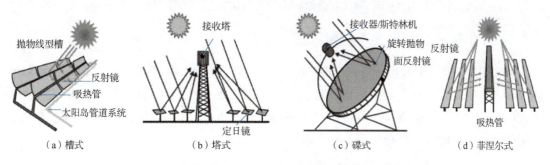

图 1-7　四种光热发电方式聚光设备

1. 太阳能资源取之不尽,用之不竭

太阳能资源的利用对环境影响极低。太阳能光热发电的整个发电过程不会对外产生污染物和温室气体,较常规化石燃料能源发电是一种清洁能源利用形式。同时,在资源利用的开发过程中,其对生态环境也不会产生破坏和影响。另外,从全生命周期来看,太阳能光热发电从设备制造到发电生产再到报废,整个过程的能耗水平和对环境的影响与其他可再生能源利用形式相当,而与太阳能光伏发电的电池板生产和报废相比,能耗和污染水平大大降低。太阳能光热发电系统全生命周期 CO_2 排放极低。以 2009 年的技术为基准,太阳能光热发电站的全生命周期 CO_2 排放约 17 g/(kW·h),远远低于燃煤电站 776 g/(kW·h) 以及天然气联合循环电站 396 g/(kW·h)。因此,太阳能光热发电是对环境影响较小的一种可再生能源发电利用形式。

2. 太阳能光热电站的发电出力具有平滑的特性

由于发电原理不同,太阳能光热发电出力特性优于光伏、风电的出力特性,特别是通过蓄热单元的热发电机组,能够显著平滑发电出力,减小小时级出力波动。根据不同蓄热模式,可不同程度提高电站利用小时数和发电量、提高电站调节性能。另外,太阳能光热发电通常通过补燃或与常规火电联合运行改善出力特性,使其可以在晚上持续发电,甚至可以稳定出力承担基荷运行。

3. 太阳能光热发电具有灵活接入电网的特性

带有蓄热和补燃装置的太阳能光热发电站不同于其他(如风电、光伏等)波动电源,蓄热装置可以平滑发电出力,提高电网的灵活性,弥补风电、光伏发电的波动特性,提高电网消纳波动电源的能力。同时,带有蓄热装置的太阳能光热发电系统在白天把一部分太阳能转化成热能存储在蓄热系统中,在傍晚之后或者电网需要调峰时用于发电以满足电网的要求,同时也可以保证电力输出更加平稳和可靠。而光伏发电是由光能直接转换为电能,其多余的能量只能采用电池存储,技术难度和造价远比太阳能集热发电(仅需蓄热)大得多。因此,易于对多余的能量进行存储,以实现连续稳定的发电和调峰发电,是太阳能光热发电相对于风电、光伏等可再生能源发电方式一个最为重要和明显的优势,有利于稳定电力系统运行,也容易被电网所接受。另外,由于太阳能光热发电是通过产生过热水蒸气带动汽轮机发电,与传统火力发电方式相同,不会对电网产生不利的影响,同时还能提供无功功率,是对现有电力系统友好的发电方式。

四、太阳能光热发电技术发展历程

1860 年,法国数学教授 Auguste Mouchout 开始研究将太阳热能转换成机械能。1878 年,Mouchout 在巴黎世界博览会上展出了被认为是世界上第一个最大的利用太阳能产生蒸汽的装置(见图 1-8)。后来,Mouchout 的助手 Abel Pifre 对 Mouchout 的"太阳能机器"进行了改进,采用球形抛物面的太阳集热器带动一个印刷机。

图 1-8　1878 年在法国巴黎世界博览会展出的太阳能机器

1884 年,意大利工程师 Alessandro Battaglia 对 Mouchot-Pifre 的设计进行了改进,并申请了一个多太阳能集热器专利,包括一个水平圆柱形长 10 m、直径 1 m 的锅炉,以及由 250 面平面镜组成的集热场。1912 年,Frank Shuman 在埃及搭建了一座 62 m 长的槽式抛物面太阳能集热装置(见图 1-9),产生的蒸汽用来驱动功率为 45 kW 的蒸汽马达泵,进行农业灌溉。1916 年德国议会批准拨款 20 万马克进行槽式抛物面太阳能集热装置的示范试验,第一次世界大战的爆发和近东地区石油的发现阻碍了这项计划的实现。

图 1-9　1912 年建于埃及的槽式抛物面太阳能集热装置

第一章 太阳能光热发电基础知识

1960年，意大利数学家Giovanni Francia对太阳能聚光方法进行了革命性的突破，在Battaglia的基础上，将锅炉置于多反射镜之上，并进行单轴或双轴跟踪。Francia是世界上第一个将菲涅耳反射聚光器概念应用于实际线聚焦和点聚焦系统的人。1962年，Francia在意大利申请了其第一个线聚焦专利。1963年，Francia设计并搭建了第一个线聚焦样机（见图1-10），总面积约 $8.2 \times 7.9 \text{ m}^2$，每小时可产 100 atm、450 ℃ 的蒸汽 38 kg。随后，Francia 开始研究点聚焦系统，着重关注塔式技术。Francia 相信当"太阳能锅炉"可以产生压力超过 150 atm、温度超过 500 ℃ 的蒸汽时，太阳能热发电就具有竞争力；而塔式技术比线聚焦系统更有希望实现这一目标。

图1-10　1963年第一个线聚焦样机

随着1973年石油危机的爆发，人们开始对各种聚光太阳能光热发电技术进行广泛性的探索和研究。1976年欧洲共同体委员会启动了太阳能光热发电可行性研究，1980年全球第一座兆瓦级塔式电站 Eurelios 在意大利西西里岛建成，如图1-11所示。

图1-11　1980年意大利10 MW塔式电站

1982年，容量为10 MW的Solar One塔式电站在美国南加利福尼亚州投入运行。1984—

课件
太阳能光热发电简述

微课
什么是太阳能光热发电

1991年期间,9座名为SEGS的槽式电站先后在美国加州莫哈维沙漠投入商业化运行,总容量为354 MW。然而,随着石油危机的缓解,美国政府对可再生能源的激励政策发生变化,第十座SEGS电站未能建设。随后在很长一段时间内,便宜而又唾手可得的化石燃料以及联合循环技术的发展导致太阳能光热发电技术不再具有吸引力和竞争力。直至2007年,西班牙政府颁布了合理的太阳能上网电价,催生了太阳能光热发电技术应用热潮,太阳能光热发电市场逐渐复苏,2012年底,全球运行的太阳能光热发电装机容量约为2 GW。

自2012年以后,太阳能光热发电进入快速发展阶段,总装机容量上升趋势明显,截至2021年底,全球光热电站总装机容量为6.8 GW。我国第一座建成的光热电站是2012年成功发电的北京延庆八达岭1 MW塔式太阳能发电站,到2021年底我国已运行的光热电站总装机容量达538 MW。2021年10月15日,青海省和甘肃省分别举行了新能源项目集中开工仪式,2021年10月28日,吉林省举行了"陆上风光三峡"工程全面建设启动仪式,这些项目将在2023年底建成并网,其中包含了光热发电装机容量共计1 010 MW,国内光热发电总装机容量将持续增加。

第二节　太阳辐射相关参数

太阳能光热发电主要利用的是太阳能,因此需要对太阳及太阳辐射相关的基本参数进行了解,本节主要对太阳的基本情况、太阳能到达地球之后的能量转化形式、太阳常数、太阳高度角、太阳方位角、大气质量(通过空气量)等进行介绍。

一、太阳的基本介绍

太阳是太阳系的中心天体,占有太阳系总体质量的99.86%。太阳系中的八大行星、小行星、流星、彗星、外海王星天体以及星际尘埃等,都围绕着太阳公转,而太阳则围绕着银河系的中心公转。

太阳是位于太阳系中心的恒星,它几乎是热等离子体与磁场交织着的一个理想球体。太阳直径大约是1.392×10^6 km,相当于地球直径的109倍;体积大约是地球的130万倍;其质量大约是2×10^{30} kg,约为地球的330 000倍。从化学组成来看,现在太阳质量的大约3/4是氢,剩下的几乎都是氦,包括氧、碳、氖、铁和其他重元素质量少于2%,采用核聚变的方式向太空释放光和热。日地平均距离为1.5×10^8 km,从太阳发出的光线到达地球需要8 min。

二、太阳能到达地球之后的能量转化形式

人类在地球生存离不开太阳,从图1-12中太阳能到达地球之后的能量转化来看,太阳的能量可以加热空气,使空气变热产生温差形成风,由此可以利用风能;太阳能到达地球表面加热地表,由此可以利用地热能;植物利用阳光进行光合作用而生长,可以作为人类的燃料、食物等,经过多年以后也能以煤或石油的形式存储起来,可以说人类需要的能量都是在直接或间接

地利用太阳。

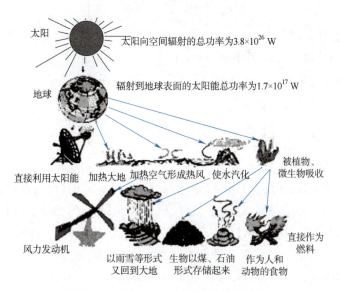

图 1-12 太阳到达地球之后的能量转化

太阳每年辐射到地球表面的太阳能总功率约为 1.7×10^{17} W，相当于 1.3×10^{6} 亿 t 标准煤。地球年消耗能量约为 150 亿 t 标准煤，经计算，太阳能一年之内辐射到地面的能量能供人类使用 8 666 年，因此，太阳能被誉为"取之不尽，用之不竭"的清洁能源。

三、太阳赤纬角

地球围绕太阳公转的平面称为黄道面，地球自转的平面称为赤道面，两者之间形成的夹角为太阳赤纬角，以 δ 表示。赤纬角每年随阴阳历的节气而变化，在春分和秋分两天，赤纬角为 0°，太阳光正午直射赤道，地球南北半球昼夜时间相等；夏至时，太阳光正午直射北回归线，赤纬角为 23°27′，北半球昼长夜短达到最大值，北极部分区域为全白昼；冬至时，太阳光正午直射南回归线，此时赤纬角为 −23°27′，南半球昼长夜短达最大值，南极部分区域为全白昼，如图 1-13 所示。

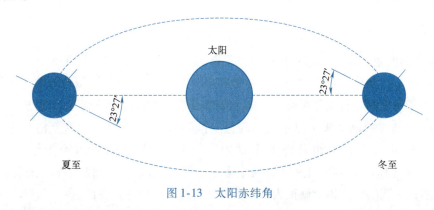

图 1-13 太阳赤纬角

赤纬角的近似表达式为：

$$\delta = 23.45\sin\left[\frac{360\times(284+n)}{365}\right] \tag{1.1}$$

式中 δ——太阳赤纬角,(°),角位置点在每日的正午,$-23°27'\leqslant\delta\leqslant23°27'$;

n——一年中的第 n 天,1 月 1 日时 $n=1$。

该公式在太阳能光热发电计算中精度是足够的,全年误差平均值为 1.71%。

另一种赤纬角计算表达式如下:

$$\delta = 23.45\sin\left[\frac{\pi}{2}\times\left(\frac{n_1}{92.795}+\frac{n_2}{93.629}+\frac{n_3}{89.806}+\frac{n_4}{89.012}\right)\right] \tag{1.2}$$

式中,n_1 为春分开始计算的天数,从春分日到秋分日,春分日起始 $n_1=0$,此时 n_2、n_3、n_4 值为 0;
n_2 为夏至开始计算的天数,从夏至日到秋分日,夏至日 n_2 接 n_1 的顺序,此时 n_1、n_3、n_4 值为 0;
n_3 为秋分开始计算的天数,从秋分日到冬至日,秋分日 n_3 接 n_2 的顺序,此时 n_1、n_2、n_4 值为 0;
n_4 为冬至开始计算的天数,从冬至日到春分日,冬至日 n_4 接 n_3 的顺序,此时 n_1、n_2、n_3 值为 0。

式(1.2)有较好的精确度,还有一种更为精确的计算公式为:

$$\delta = 180\times[0.006\,918-0.399\,912\cos(\theta_0)-0.006\,758\cos(2\theta_0)+$$
$$0.000\,907\sin(2\theta_0)-0.002\,697\cos(3\theta_0)+0.001\,480\sin(3\theta_0)]\div\pi \tag{1.3}$$

$$\theta_0 = \frac{2\pi n}{365.2422} \tag{1.4}$$

$$n = N + N_0 \tag{1.5}$$

$$N = 79.676\,4+0.242\,2(年份-1\,985)-\text{INT}\left(\frac{年份-1\,985}{4}\right) \tag{1.6}$$

式中 θ_0——日角,rad;

n——积日 + 积日系数;

N——积日;

N_0——积日系数;

INT——取整数的标准函数。

在太阳能光热发电镜场控制跟踪过程中,需要用到太阳赤纬角,可采用式(1.3)计算,如果需要更精确的数据,可采用修正方法或直接取用天文计算结果。

四、太阳常数

太阳常数指的是当地球与太阳处在平均距离(见图 1-14)的位置时,在大气层的上部与太阳光垂直的平面上,单位面积的太阳辐射能量密度。在气象学领域,太阳常数测定工作一直受到关注,因为了解太阳辐射变化可间接了解太阳内部变化规律,尽管如此,太阳常数测定进展总体比较缓慢,这主要是太阳常数不是从理论上推导出来的,而是一个有严格物理内涵的常数。20 世纪初期人们就开始研究太阳常数,最初的太阳常数是由美国斯密逊研究所 C. G. abbot 根据地球表面、高山上的太阳辐射量推导得出,数据为 1 322 W/m²,随后被 Johnson 于 1954 年通过火箭的太空测量修正为 1 395 W/m²,此后人们通过飞艇、高空气球和卫星利用不同的测量仪器进行测量,确定为 1 353 W/m²,误差是 1.5%,这一数据在 1971 年被美国国家航空航天局(NASA)和美国材料实验协会(ASTM)所接受。而目前普遍采用的太阳常数值是

（1 367±7）W/m²，这是 1981 年由世界气象组织（WMO）的仪器和观测方法委员会（CIMO）建议的数值，近年也有很多人采用 1 366 W/m²。

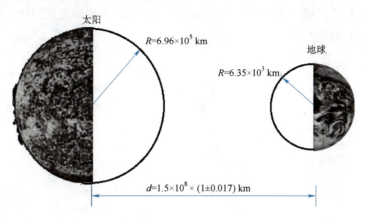

图 1-14　日地平均距离示意图

五、太阳辐射相关角度

在太阳光热发电设计计算中常用到的相关角度如图 1-15 所示，共六个角度。分别为太阳高度角 α、太阳方位角 γ_s、太阳天顶角 θ_z、太阳入射角 θ、集热器倾角 β、集热器方位角 γ。

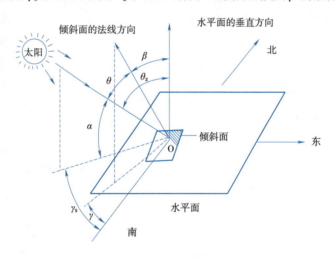

图 1-15　太阳辐射相关角度示意图

太阳高度角 α 为太阳光线与通过该地与地心相连的地表切面的夹角，亦即太阳光线与地平的夹角，如图 1-16 所示。太阳高度角越大，辐照度越大；太阳高度角越小，光线穿过大气的路程较长，能量衰减较多，到达地面的能量就较少。

太阳方位角 γ_s 为太阳光线在地面上的投影线与正南方向线的夹角，太阳光线在地面上的投影线为正南方时，方位角为 0°，向西为正，向东为负，$-180°<\gamma_s<180°$。太阳天顶角 θ_z 为太阳光线与地平面法线之间的夹角，与太阳高度角互为余角，即 $\theta_z+\alpha=90°$。集热器倾角 β 为集热器平面与地平面的夹角。太阳入射角 θ 为太阳光线与集热器表面法线之间的夹角，实际应

用时入射角 θ 越小说明太阳光线与集热器平面越接近垂直,则集热器接收到的太阳辐射强度就越大。集热器方位角 γ 为集热器表面法线在地平面上的投影与正南方夹角。根据地平坐标系的计算方法,在地球任意一点位置处,要确定太阳的位置,只要确定太阳的高度角和方位角,太阳和地球之间的相对位置就确定了。

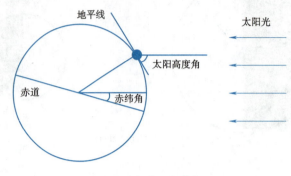

图 1-16　太阳高度角

六、大气质量

大气质量 AM(Air-Mass),即通过空气量,用由天顶垂直入射的通过空气量作为标准 1,即 $d=1$;通过空气量就是光线通过大气的实际距离比大气的垂直厚度 AM = 1/cos θ,即 $D = 1/\cos\theta$,如图 1-17 所示。

课件

太阳能辐射相关参数

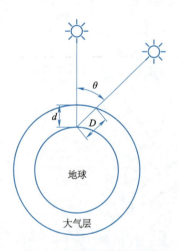

图 1-17　大气质量示意图

微课

太阳能辐射相关参数

其中,AM0 是大气质量为 0 的状态,即在地球外空间接收太阳光的情况,在大气层外得到的太阳光谱称为 AM0 太阳光谱,对应的太阳辐射强度为 1 366 W/m²;此为空间用太阳电池测试条件,如人造卫星和宇宙飞船的应用场所。AM1 是大气质量为 1 的状态,指的是太阳光直接垂直照射到地球表面的情况,相当于晴朗夏日海平面接收太阳光的情况。AM1.5 对应的太阳高度角为 41.8°,太阳能辐射强度为 1 kW/m²,此为地面用太阳电池测试条件,测试温度为 (25 ± 2) ℃。

第三节 太阳的视运动与追踪

太阳能光热电站中的镜场系统通常设置了单轴或双轴跟踪太阳的跟踪传动装置,那么追踪太阳位置的原理是什么,下面分析如何确定太阳的位置,主要通过地平坐标系与赤道坐标系来标注太阳的具体位置。

一、太阳视运动的基本规律

无论哪一种太阳能利用装置的安装与使用都要考虑太阳的方位与运动,特别是聚光太阳能集热装置必须对准太阳才可能获得太阳能。我们站在大地上看到太阳东升西落,这本是地球自转形成的现象,但我们直观感受到的不是地球在转,而是太阳在围绕我们转动,为分析方便,假设太阳就是绕我们做圆周运动的,这种假设运动称为视运动。

如图 1-18 所示,平面是我们所在位置的地平面,是一个无限大的平面,O 点是观察点,通过该点作东西方向与南北方向两条直线、通过 O 点作一条与地球自转轴平行的地轴线,显然这是北回归线以北的地点,通过地轴线与南北线的平面是垂直于地面的;太阳是绕地轴线运动的,运动轨迹在与地轴线垂直的平面上,是以地轴为中心轴的圆。

在图 1-19 中,地轴线与南北线之间的夹角 φ 等于 O 点所在地的纬度。在图中绘有三个轨迹圆,中间的轨迹圆是春分或秋分时的太阳视运动轨迹,太阳从正东方升起在正西方落下,此时正午太阳与地面的夹角 α_2 为 $90°-\varphi$;左边的轨迹圆是夏季的太阳视运动轨迹,早上太阳从东偏北方向升起,晚上太阳从西偏北方向落下,中午的太阳较春分时高,正午太阳与地面的夹角 α_1 大于 α_2;右边的轨迹圆是冬季的太阳视运动轨迹,早上太阳从东偏南方向升起,晚上太阳从西偏南方向落下,中午的太阳较春分时低,正午太阳与地面的夹角 α_3 小于 α_2。由此规律可知,在夏季时太阳高度角较大,因此夏季时太阳光线经过的大气路径较短,到达地球表面的太阳辐射较强;在春季和秋季次之;冬季太阳高度角最小,地面接收的太阳辐射强度较小。

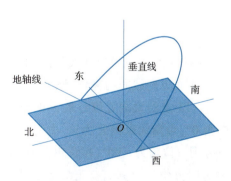

图 1-18 太阳视运动轨迹图

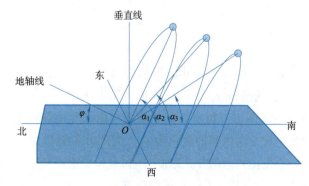

图 1-19 太阳视运动规律下的太阳高度角

二、地平坐标系与赤道坐标系

太阳在空中的具体位置通常是采用地平坐标系或赤道坐标系来标注。地平坐标系是一种最直观的天球坐标系,地平坐标系中的基本圈是地平圈,地平圈就是观测者所在的地平面无限扩展与天球相交的大圆。

赤道坐标系也是一种天球坐标系,过天球中心与地球赤道面平行的平面称为天球赤道面,它与天球相交而形成的大圆称为天赤道。

1. 地平坐标系

在地平坐标系中,太阳在空中的具体位置是用高度角与方位角来标注的,在图 1-20 中,大圆是夏季在 O 点看到的太阳视运动轨迹,轨迹上的数字 6~18 标注了从 6 点至 18 点的太阳位置。太阳高度角是 O 点指向太阳的向量 S 与地面的夹角 α,图中 12 点的太阳高度角是 S_2 与地面的夹角 α_2;上午 10 点的太阳高度角是 S_1 与地面的夹角 α_1;15 点的太阳高度角是 S_3 与地面的夹角 α_3。

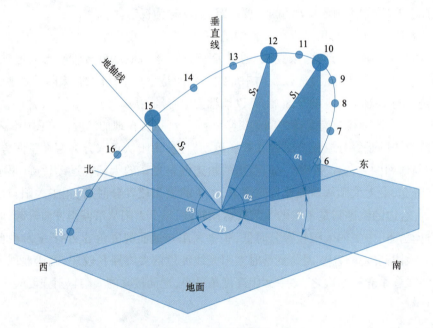

图 1-20 地平坐标系

太阳方位角是向量 S,即太阳与 O 点连成的光线在地面的投影线与南北方向线(当地的子午线)间的夹角 γ,图中 12 点的太阳方位角是 S_2 的投影线与南北方向线间的夹角,该角为 0°;10 点的太阳方位角是 S_1 的投影线与南北方向线间的夹角 γ_1;15 点的太阳方位角是 S_3 的投影线与南北方向线间的夹角为 γ_3。太阳方位角以正南方向为 0°,由南向东向北为负,由南向西向北为正。如太阳在正东南方时,方位角为 -45°,在正东方则方位角为 -90°,在正东北方时,方位角为 -135°;太阳在正西南方时方位角为 45°,在正西方时方位角为 90°,在正西北方时为 135°,在正北方时为 ±180°。

2. 赤道坐标系

在赤道坐标系中,太阳在空中的具体位置是用时角与赤纬角来标注的。图 1-21 所示为赤道坐标系示意图,图中大圆是夏季在 O 点看到的太阳视运动轨迹,轨迹上的数字 9 和 12 标注了 9 点与 12 点的太阳位置。

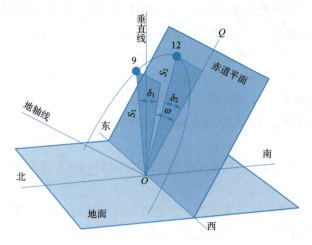

图 1-21　赤道坐标系

在图 1-21 中有一个赤道平面,是过 O 点与地球赤道平行的平面,该平面与地轴线垂直。从 O 点到太阳的连线与赤道平面的夹角 δ 称为赤纬角,δ_1 是 9 点时太阳的赤纬角,δ_2 是 12 点时太阳的赤纬角。随着地球绕太阳转动,赤纬角在不停变化,每天同一时刻太阳的赤纬角不同。夹角 δ 一年的变化范围是 $+23°27′\sim-23°27′$ 一个来回,算起来每天最大变化不超过 $0.5°$。

子午面是过地轴线与垂直线的平面,其在地面的投影称为子午线,与过 O 点的南北线重合,直线 OQ 是子午面与赤道面的交界线。在 9 点,太阳与 O 点连线 S_1 在赤道平面上的投影线与 OQ 线的夹角 ω 是此时太阳的时角。12 点太阳与 O 点连线 S_2 在赤道平面上的投影线与 OQ 线的夹角 ω 是 0,即时角为 0。时角是从 OQ 线起算,顺时针方向为正,逆时针方向为负,也即上午的时角为负,下午的时角为正,太阳每小时转动 $15°$。

三、视日跟踪法与光电跟踪法

通过太阳在天空中的位置计算来控制跟踪的方法称为视日跟踪法。在结构上常采用地平坐标系跟踪与极轴式跟踪两种方式。

地平坐标系跟踪建立在地平坐标系,是通过太阳的高度角与方位角来寻找太阳的位置,在需要跟踪太阳的太阳能装置安装两根转轴,一根垂直于地面用来调整方位角,称方位轴,另一根与地面平行用来调整高度角,称俯仰轴,地平坐标系跟踪方式又称双轴跟踪方式。通过计算机算出每天每时太阳的高度角与方位角即可对准太阳。由于太阳的高度角与方位角都在不停变化,所以两个轴都要不停地转动才能对准太阳。

极轴式跟踪建立在赤道坐标系,是一种较简便的跟踪方法,把需要跟踪太阳的太阳能装置的转轴平行于地轴线,称为极轴,这样只需按每小时 $15°$ 绕极轴匀速转动即可跟踪太阳。

视日跟踪法的原理是根据相应的公式和参数计算出太阳的位置,然后发出指令给步进电机,去驱动太阳跟踪装置以达到对太阳实时跟踪的目的。视日跟踪法的优点是在有云的情况下仍能正常工作,缺点是视日跟踪法属于开环控制,控制数据由计算产生,跟踪精度较低,容易产生累计误差,要求太阳能装置定位非常准确,运转机构要精密,基座要稳定牢固。

课件
太阳的视运动与追踪

传感器跟踪也就是光电跟踪,在太阳能装置上安装光电传感器,其轴线与太阳能装置的聚焦轴线平行,光电传感器检测太阳光方向是否偏离传感器轴线,当太阳光发生偏离时,传感器就发出偏差信号,计算机根据此偏差信号控制执行机构,使太阳能装置重新对准太阳光聚焦。传感器跟踪属闭环控制,传感器跟踪的灵敏度高,可做到较高的跟踪精度,但有云和阴雨天无法进行跟踪,往往要配合视日跟踪共同控制,可以在多云天气时采用视日运动轨迹跟踪法,在晴天时采用光电跟踪法。

第四节 太阳能光热发电聚光原理

太阳能光热发电最终是利用高温高压的过热蒸汽来达到发电的目的,人们平时接触到的普通太阳辐射能并非高温,那么如何从普照大地的太阳光中得到高温呢?原因就在于聚光,下面介绍太阳能光热发电聚光原理。

一、聚光分类

聚光的方式可分为反射式聚光和折射式聚光。在太阳能光热发电中的聚光形式主要为反射式聚光,图1-22(a)所示为塔式电站反射式聚光示意图,图1-22(b)所示为菲涅尔透镜折射式聚光示意图。

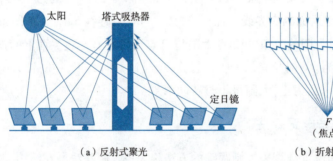

图1-22 反射式聚光与折射式聚光

二、集热系统聚光原理

槽式和碟式光热发电利用的是抛物面反射聚光原理,抛物面焦点上的光源可在抛物面上产生平行反射光束,反之,若在抛物面上投射平行光,则投射的光线可在焦点处聚集,如图1-23所示。由抛物线沿轴线旋转形成的面称为旋转抛物面,由抛物线向纵向延伸形成的面称为抛物柱面。根据光学原理,与抛物镜面轴线平行的光将会聚到焦点上,焦点在镜面的轴线上,把接收器安装在反射镜的焦点上,当太阳光

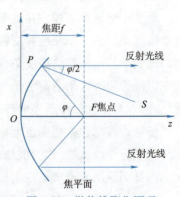

图1-23 抛物线聚焦原理

与镜面轴线平行时，反射的光辐射全部会聚到接收器。塔式发电聚光原理为接收器安装在高塔顶部，在塔周围分布许多平面镜（定日镜），所有定日镜都把太阳光反射到塔顶的接收器上，以达到聚光目的。每个定日镜都有跟踪机构，保证太阳在任何位置都把阳光反射到接收器上。菲涅尔式发电聚光原理为每一个带状镜元的倾角 β 和跟踪速度均不相同，通过具体设计每个镜元的倾角来实现将每个镜元接收到的太阳平行光聚焦在同一个吸热器上，如图 1-24 所示。

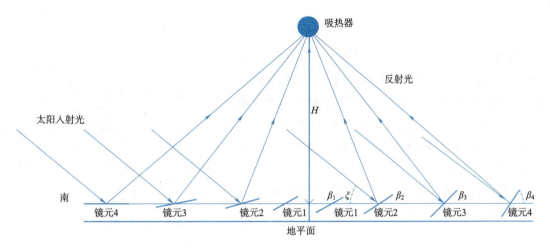

图 1-24　带状镜元聚焦原理

三、聚光比

聚光比可分为几何聚光比和辐射通量聚光比。几何聚光比是指集热器的收光孔面积 A_1 与吸热器的吸热面积 A_2 之比。聚光器接收太阳入射光的投影面称为光孔（或"开口"），聚光器收光孔把接收到的辐射反射汇聚到接收器上，接收反射光线的面积即为吸热器面积。$C_g = A_1/A_2$，C_g 称为几何聚光比，是聚光集热器聚光程度的特征参数。比如图 1-25 塔式电站中，收光孔面积即为定日镜场镜面总面积，吸热器面积即为塔顶接收器的表面积。

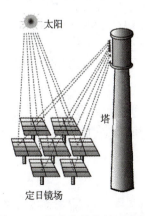

图 1-25　塔式光热电站示意图

辐射通量聚光比是指聚集到吸热器上的反射光辐射强度 E_2 与入射太阳光辐射强度 E_1 之比。$C_e = E_2/E_1$，C_e 称为辐射通量聚光比。比如图 1-25 塔式电站中，I_2 即为接收器接收到的反射光辐射强度，I_1 即为定日镜表面接收到的太阳入射光强度。理论上，根据能量守恒定律，$A_1 \times E_1 = A_2 \times E_2$，可推导得出 $A_1/A_2 = E_2/E_1$，即几何聚光比等于辐射通量聚光比，但由于镜面在光学加工过程中存在加工误差，导致通过收光孔的射线并不是都能够汇集到吸热面上，且光在反射过程中存在衰减和能量损失，因此两者的关系为 $C_e = \eta_0 \times C_g$，η_0 称为光学散射损失因子。

四、抛物面聚光器的理论聚光比

如图 1-26 所示的抛物面，其焦平面与其收光孔重合。假如太阳光线是绝对平行的，因光线都聚焦在一点，一个点的面积是非常小的，则图中抛物面聚光器的几何聚光比应趋向于无穷大。而事实上，由于太阳圆盘有 32′ 的张角，所以抛物面聚光器的几何聚光比是存在一个极限值的。

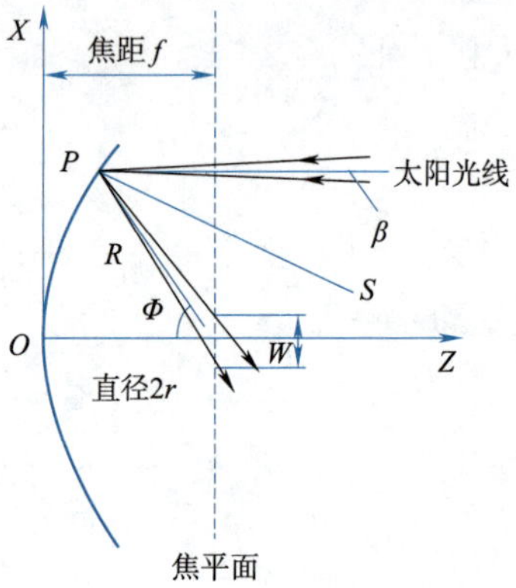

经计算，碟式旋转抛物面聚光器聚光比极限值为 45 871，槽式抛物柱面聚光器聚光比极限值为 214。

$$C_{\max} = \frac{1}{F_{a,s}} = \frac{1}{\sin^2 \beta} = 45\ 871 \qquad (1.7)$$

图 1-26 抛物面聚光比分析

$$C_{\max} = \frac{1}{F_{a,s}} = \frac{1}{\sin \beta} = 214 \qquad (1.8)$$

式中，$F_{a,s}$ 为抛物面收光孔对太阳的张角系数；β 代表入射太阳光与抛物面法向 Z 之间的夹角，β 在 16′~90° 变化。

五、吸热器温度与聚光比的关系

对于任何形式的集热-吸热系统，通过热平衡分析可以导出其吸热器的运行温度 T_{abs} 与几何聚光比 C_g 之间存在如下关系。

$$T_{abs} = \left(\frac{(1-\eta)\rho\alpha C_g \sin^2 \xi T_{sun}^4}{\varepsilon} + T_{amb}^4 \right)^{\frac{1}{4}} \qquad (1.9)$$

式中　η——吸热器以导热和对流方式损失能量所占总接收的辐射能的份额；
α——吸热器的吸收率；
ρ——聚光器表面对太阳辐射的反射率；
ξ——太阳圆盘所张的半角，约等于 4.7 mrad；
ε——吸热器的发射率；
T_{sun}——太阳表面温度，℃；
T_{amb}——镜场环境温度，℃。

六、太阳能集热器聚光比范围

利用太阳能设备聚集太阳能都有一个特性参数,那就是聚光比,在太阳能供热采暖系统中,太阳能集热板没有聚光的效果,此时的聚光比为1。各类集热器的聚光比及聚光温度范围见表1-1。

表1-1 集热器分类及聚光比

跟踪类型	集热器类型	吸热体类型	聚光比范围	使用温度范围/℃
静止	平板	平板	1	30~80
	真空集热管	管型	1	50~200
	复合抛物面	管型	1~5	60~240
			5~15	60~300
单轴跟踪	线性菲涅尔	管型	10~40	60~250
	圆柱槽式	管型	15~50	60~300
	抛物面槽式	管型	10~85	60~400
双轴跟踪	碟式	点状	600~2 000	100~1 500
	塔式-定日镜	点状	300~1 500	150~2 000

第五节 太阳能光热发电光学损失分析

前面提到太阳能光热发电的基本原理是光能转化为热能再转化为电能,那么在能量转化过程中必定存在能量损失,具体存在哪些形式的损失呢?下面介绍四种光学损失形式:余弦损失、末端溢出损失、大气传播衰减损失、阴影与遮挡损失。

一、余弦损失

余弦损失是指相对于阳光垂直照射反射面所能得到的最大辐射能而言的减弱程度,它与光线入射角的余弦有关。余弦损失的衡量标准是余弦系数 $\cos\theta$。东西镜场与南北镜场的余弦损失有所不同,以线性菲涅尔电站镜场为例,东西镜场中镜元分列吸热器管线东西两侧,吸热器呈南北走向,南北镜场中镜元分列吸热器管线南北两侧,吸热器呈东西走向,如图1-27所示。

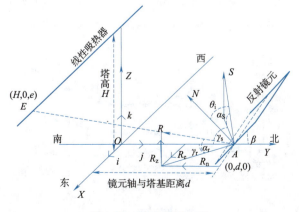

图1-27 南北镜场布置

余弦系数与镜场的布置方式有关,如图 1-28 所示。

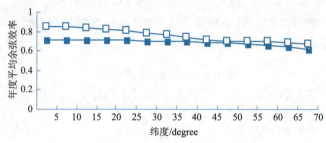

图 1-28 余弦系数与镜场布置的关系

从余弦效率的年平均值来看,在地球的低纬度地区,采取东西两侧布置的镜场余弦效率较高。在中高纬度地区,东西场和南北场虽然年平均效率相当,但南北场在冬季的余弦效率较高,因此更有优势。

二、末端溢出损失

溢出至外界大气中所导致的能量损失称为溢出损失。定日镜在吸热器开口平面上所形成的光斑大小主要与定日镜的面型误差、跟踪控制误差、太阳散射角有关。此外,定日镜在吸热器开口平面上所形成的光斑大小也与定日镜和吸热器之间的相对位置有关,同时也会随太阳位置的变化而变化。以上因素均影响定日镜的聚光效果,很可能导致定日镜的反射光线在吸热器开口平面上形成比较大的光斑,以至于溢出吸热器开口至外界大气中。由于反射镜镜面磨损、跟踪误差等因素,即使反射镜对准吸热器也会不可避免地出现误差。以线性菲涅尔(LFR)聚光集热系统为例,线性菲涅尔聚光集热系统采用单轴跟踪,故反射光在吸热器上会沿其轴向随着时间变化而移动。当太阳光线入射角度较大时,部分反射光将从吸热器末端移出,形成末端偏移溢出损失,偏移程度越大,末端损失程度也越大。镜场的纵向长度越长,偏移对系统光学效率的影响越小。以西班牙的 PE-1 电站为例,其 LFR 镜场纵向长度为 980 m,由南北场和东西场引起的最大末端偏移溢出损失分别占总辐射的 4.6% 与 2.6%,年平均末端偏移损失在 1% 左右。PE-1 电站末端偏移量镜元位置的变化如图 1-29 所示。

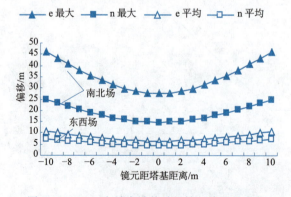

图 1-29 PE-1 电站末端偏移量镜元位置的变化

三、大气传播衰减损失

由于大气层的存在,最终到达地球表面的太阳辐射能要受多种因素的影响,一般来说,太阳高度角、大气质量数、大气透明度、地理纬度、日照时数及海拔是影响的主要因素。

1. 太阳高度角

由于大气厚度具有光谱选择性的原因,太阳高度角不同时太阳总辐射中各个波段内能量的占比也不同。当太阳高度角为90°时,在太阳光谱中红外线占50%,可见光占46%,紫外线占4%;当太阳高度角为30°时,红外线占53%,可见光占44%,紫外线占3%;当太阳高度角为5°时,红外线占72%,可见光占28%,紫外线近于0。

2. 大气质量数

地球大气层平均厚度为100 km,太阳辐射在穿过大气层的过程中被反射、散射和吸收,光谱强度分布及相应的总辐照强度均发生变化,变化的大小取决于辐射所经过大气的物质量。太阳光线通过大气路程与太阳在天顶时太阳光线通过大气路程之比称为大气质量数 AM。AM0 表示到达地球大气表面但尚未进入大气层的太阳辐射,即代表太阳辐射所经过的大气质量为0;通常把太阳处于天顶即垂直照射赤道海平面上(春/秋分)时,光线所穿过大气的路程称为1个大气质量。太阳在其他位置时,大气质量都大于1,例如在早晨8~9点时,有2~3个大气质量。大气质量数越多,说明太阳光线经过大气的路程越长,受到的衰减越多,到达地面的能量也就越少。进一步假设地球为完美的球体,根据大气层平均厚度为100 km,地球平均半径为6 400 km,可计算得出在纬度约为48°的地点,其太阳辐射光谱应为 AM1.5;而极点(纬度为90°)的太阳辐射光谱则为 AM11.4。太阳辐射所经过大气的距离随纬度增高而变长,受大气影响也越大,因此一般来说,纬度越高的地点辐照度越低。

3. 大气透明度

大气透明度是表征大气对于太阳光线透过程度的一个参数。在晴朗无云的天气,大气透明度高,到达地面的太阳辐射能就多些。在天空中云层很厚或风沙灰尘很多时,大气透明度很低,到达地面的太阳辐射能就较少。目前,我国将大气透明度分为1~6个等级,1级表示当地的大气透明度最大,即太阳辐照度最大,2~6级依次递减。

4. 地理纬度

在大气透明度相同时,大气层的路程由低纬度到高纬度逐渐增大,太阳辐射能量由低纬度向高纬度也随着逐渐减弱。

5. 日照时数

日照时数是表征太阳能资源的最常用物理量之一,目前气象台站均会进行日照时数的观测,它是太阳光在当地实际照射的时数(地面观测地点受到太阳直接辐射,辐照度大于或等于 120 W/m² 的累计时间)。单位为小时,准确到 0.1 h,日照时数越长,地面所获得的太阳总辐射量就越多。

6. 海拔

一般来说,海拔越高,大气透明度越高,从而太阳直接辐射量就越高。此外,日地距离、地形、地势等对太阳辐射也有一定的影响。例如,地球在近日点要比远日点的平均气温高 40 ℃。又如在同一纬度上,盆地要比平川气温高,阳坡要比阴坡热。总之,影响地面太阳辐射的因素很多,但是某一具体地区太阳辐射量的大小,则是由上述因素综合决定的。

中国地势西高东低,呈三级阶梯状分布。中国地形上最高一级的阶梯是青藏高原。青藏高原平均海拔在 4 000 m 以上,面积达 230 万 km²,是世界上最大的高原。它雄踞西南,在高原上横卧着一系列雪峰连绵的巨大山脉,自北而南有昆仑山脉、阿尔金山脉、祁连山脉、唐古拉山脉、喀喇昆仑山脉、冈底斯山脉和喜马拉雅山脉,这里基本上是我国太阳能最丰富的地区。

第二级阶梯是越过青藏高原北缘的昆仑山—祁连山和东缘的岷山—邛崃山—横断山一线,地势就迅速下降到海拔 1 000 ~ 2 000 m,局部地区在 500 m 以下,这便是第二级阶梯。它的东缘大致以大兴安岭至太行山,经巫山向南至武陵山、雪峰山一线为界。这里分布着一系列海拔在 1 500 m 以上的高山、高原和盆地,自北而南有阿尔泰山脉、天山山脉、秦岭山脉;内蒙古高原、黄土高原、云贵高原;准噶尔盆地、塔里木盆地、柴达木盆地和四川盆地等。除云贵高原和四川盆地外,这里也基本是我国太阳能次丰富地区。

第三级阶梯是翻过大兴安岭至雪峰山一线,向东直到海岸,这里是一片海拔 500 m 以下的丘陵和平原,它们可作为第三级阶梯。在这一阶梯里,自北而南分布有东北平原、华北平原和长江中下游平原;长江以南还有一片广阔的低山丘陵,一般统称为东南丘陵。前者海拔都在 200 m 以下,后者海拔大多在 200 ~ 500 m,只有少数山岭可以达到或超过 1 000 m,这里也基本是我国太阳能第三类地区。

7. 辐射强度

到达地面的太阳辐射强度,取决于太阳光谱中紫外光谱、可见光谱和红外光谱被大气吸收、散射和反射后的衰减程度。太阳辐射经过大气层后,大气吸收了约 19%,返回到宇宙空间的约 30%,能够直接到达地面的约 51%,经过吸收-放热过程又全部返回到太空,不考虑地球核辐射的放热,这一平衡如果被打破,地球将会变暖或变冷,图 1-30 所示为地球太阳能辐射平衡图。

太阳辐射可分为直射辐射(DNI)和散射辐射(DHI)。太阳辐射通过大气,一部分直接到达地面,称为直射辐射;另一部分为大气的分子、大气中的微尘、水汽等吸收、散射和反射,被散射的太阳辐射一部分返回宇宙空间,另一部分到达地面,到达地面的这部分称为散射辐射,到达地面的散射太阳辐射和直接太阳辐射之和称为总辐射(GHI)。大气层对太阳辐射的衰减有三种类型,分别为吸收、反射和散射。吸收作用表现在太阳光谱中的 X 射线及其他一些超短波在电离层被氮、氧等大气成分强烈地吸收;大气中的臭氧对于紫外区域的选择性吸收;大气中的气体分子、水汽、二氧化碳对于波长大于 0.69 μm 的红外区域选择性吸收;大气中悬浮的固体微粒和水滴对于太阳辐射中各种波长射线的连续性吸收。散射作用表现在大气中悬浮的固体微粒和水滴对于太阳辐射中波长大于 0.69 μm 的红外区域连续性散射。反射作用表现为大气中悬浮的各种粉尘对太阳光进行漫反射,它与大气被污染而变混浊的程度有关。

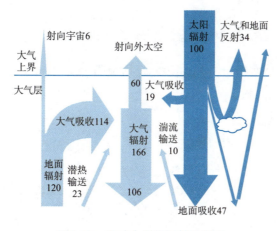

图 1-30　地球太阳能辐射平衡图

在太阳能光热发电中,反射光在到达吸热器的路程中经过大气层,存在大气传播衰减损失,由较长的反射光传播路径 T_p 而产生,光路越长,衰减损失越大。特别在塔式光热电站中,定日镜离塔顶吸热器的距离较大,产生的大气传播衰减损失较多。具体可由式(1.10)计算大气传播效率。

$$\eta_{at} = 0.99321 - 1.176 \times 10^{-4} T_p + 1.97 \times 10^{-8} T_p^2 \quad (T_p < 1\,000 \text{ m}) \quad (1.10)$$

经公式计算表明,对于反射光路径在 50 m 以下的镜场,由大气传播引起的系统光学损失为 1%~1.3%,东西镜场效率稍高于南北镜场。

四、阴影与遮挡损失

如果设计完全不挡光的定日聚光场,定日镜的间距将拉大,镜场中定日镜到塔的平均距离将加大,定日镜的光学效率将减低,整个聚光场全年的效率反而降低,因此不挡光设计并不是优化的设计。考虑到阴影和阻挡损失产生的原因,定日镜之间不能排列得过于紧密,为此,可以通过限定相邻定日镜之间的间距大小来适当减小相互之间的遮挡。

阴影损失发生在当定日镜的反射面处于相邻一个或多个定日镜的阴影下,由于前排镜子的遮挡,后排定日镜会有不能接收到太阳辐射能的情况,这种情况在太阳高度较低的冬季尤为严重。接收塔或其他物体的遮挡也可能对定日聚光场造成一定的阴影损失。阴影和阻挡损失的大小与太阳能接收时间和定日镜自身所处位置有关,主要是通过相邻定日镜沿太阳入射光线方向或沿塔上吸热器反射光线方向在所计算定日镜上的投影进行计算,通常要考虑与之相邻的多个定日镜对所计算定日镜造成的阴影和阻挡。而对部分定日镜来说,可能会有阴影和阻挡损失发生重叠的情况,在计算过程中需加以考虑。在聚光集热镜场中,反射镜与反射镜之间存在阴影损失和遮挡损失,其中,阴影损失指太阳光线照射到反射镜时,因入射角较大,前面的反射镜边缘一定区域会对后面的反射镜形成一块阴影面积,使得后面反射镜的这部分阴影面积接收不到太阳入射光线,由此产生的能量损失。遮挡损失是指当反射镜将太阳入射光反射至吸热器时,前面的反射镜会挡住一部分反射光使得不能到达吸热器,由此产生的一部分能量损失。通过被遮挡或阴影面积之和与镜元总面积 A 之比来定义阴影与遮挡效率,即

$$\eta_{sb} = 1 - \frac{A_{block} + A_{shadow}}{A} \tag{1.11}$$

式中,A_{block} 表示反射镜遮挡面积,m^2;A_{shadow} 表示反射镜阴影面积,m^2。图 1-31 所示为阴影与遮挡损失和大气传播衰减损失示意图。

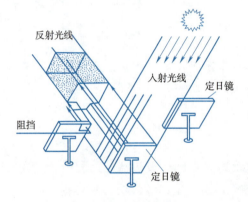

图 1-31 阴影与遮挡损失示意图

以西班牙 PE-1 线性菲涅尔电站镜场为例来分析实际镜场的阴影和遮挡效率与哪些因素有关,分析结果如图 1-32 和图 1-33 所示。PE-1 太阳能发电站的镜场参数:吸热器距地面高度为 7.4 m,镜元 21 行,镜元宽 0.8 m,集热场总长度 806.40 m,镜元之间 0.16 m 等间距布置,线性吸热器置于南北镜场中央。

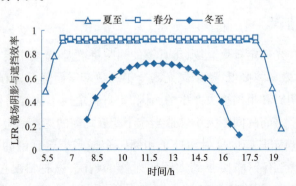

图 1-32 PE-1 镜场平均阴影与遮挡效率随时间的变化

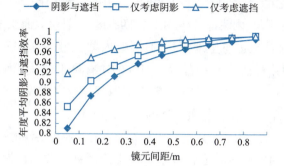

图 1-33　PE-1 镜场镜元间距对阴影与遮挡效率的影响

分析结果表明,季节和镜元间距对阴影与遮挡损失存在较大影响。冬至时镜场产生的阴影与遮挡损失明显低于夏至与春分,夏季早晨与傍晚的阴影与遮挡损失较大,7 点到 18 点左右与春季时的阴影与遮挡损失相当且较为平稳。镜元间距越大,阴影与遮挡损失越小,阴影与遮挡效率就越高,但是实际电站中反射镜之间的间距不能太大,间距太大虽然阴影与遮挡效率高,但是土地利用效率低,镜场占地面积太大,大气传播衰减损失越大。

第六节　太阳能光热电站选址

太阳能光热电站占地面积较大,对太阳能光资源要求较高,光热电站的建设地点应该符合哪些要求?

我国首批光热示范项目均为 50 MW 级以上,每个电站的占地面积较广,系统构造复杂,技术含量高且投资成本巨大。据了解,有部分项目由于未能充分考虑到军事、土地性质、地方支持力度等方面因素,甚至在开工前夕才确定该地区的 DNI 值不达标,进而出现了被迫更换场址的尴尬情况,使得整个项目的开发进程被拖慢。因此,若要确保光热电站能够顺利完成建设,且在后期可实现安全、经济运行,达到较高的投资回报率,选址是开发光热电站的首要步骤,更是一个基础环节。

一、我国土地、地形及水资源分析

太阳能光热电站的建设最好选择平坦广阔的土地,原因一是由于坡地会影响入射角而导致电站效率的变化;二是坡地会增加土地平整的成本。不同的太阳能光热发电技术形式对地形的要求不尽相同。国外经验显示,槽式和线性菲涅耳发电系统要求地面坡度在 3% 以下;塔式与碟式发电系统对坡度要求较为宽松。由于塔式定日镜场中每台定日镜都是单独的个体,只需要确定每台定日镜的地面坐标即可,因此塔式电站可以适合 5%~7% 的地面坡度。碟式由于单机规模较小,因此对坡度的要求更低。因此,平坦的、空置率高的土地,例如半固定、固定沙地沙丘和戈壁地区是建立太阳能光热发电站的最佳地区。

根据中国西部环境与生态科学数据中心发布的中国沙漠 10 万分布图集,2000 年我国有砾质戈壁 38 734 730 hm², 有沙漠、沙地 124 230 119 hm², 其中固定沙(丘)地占比 13.94%。全国沙漠、沙地 95.37% 集中分布在新疆、内蒙古、青海和甘肃四省区, 并且呈大面积连片分布, 主要以流动、半流动类型为主。沙漠、沙地占总土地面积的比例, 内蒙古最高, 达 43.287%, 其次为新疆, 达 31.727%, 青海、宁夏和甘肃都在 15% 左右, 大于 1% 的还有陕西、吉林、河北、辽宁、河南、山西和海南七个省区。这些省区的太阳能法向直射辐射资源都很丰富或较为丰富。和传统的电站类似, 太阳能光热发电站也需要在蒸汽轮机循环的冷端进行制冷。而太阳能资源较好的贫瘠荒漠地区, 水资源相对匮乏, 因此太阳能热发电的用水问题一直是业界关注的焦点。

太阳能光热发电站的冷却方式通常有水冷和空冷两种形式。根据美国能源部研究数据(2007), 采用水冷技术时, 除了碟式-斯特林发电系统以外($0.075\ 7\ m^3/(MW \cdot h)$), 其他技术形式的用水量一般在 $2.27 \sim 3.02\ m^3/(MW \cdot h)$, 其中塔式电站用水约为 $2.27\ m^3/(MW \cdot h)$, 槽式电站用水约为 $3.02\ m^3/(MW \cdot h)$。采用空冷技术时, 太阳能光热发电站的用水量会大幅降低, 约为 $0.299\ m^3/(MW \cdot h)$, 但同时也将导致投资成本的上升以及发电量的减少, 投资成本的上升比例为 7%~9%, 发电量的减少比例约 5%。

二、太阳能光热发电站选址基本原则

太阳能光热发电站建设地点全局来看要遵循节约用地、全面考虑、综合规划的原则。电站的选址是电站建设工作中非常重要的一环, 它不仅关系到电源点布局的合理性、电站安全经济运行, 而且直接影响电站建设进度和投资。应根据国家可再生能源中长期发展规划、地区自然条件、太阳能资源、交通运输、接入系统、地区经济发展规划、其他设施等因素全面考虑, 综合规划。必须贯彻节约用地的基本国策, 严格执行国家规定的土地使用审批程序, 优先利用荒地、劣地、非耕地, 不得占用基本农田;避免大量拆迁, 减少土石方工程量。

1. 对太阳能辐射资源的要求

太阳能光热发电站宜选择太阳光照时间长, 直射辐射(DNI)值大于或等于 $1\ 700\ kW \cdot h/(m^2 \cdot a)$, 即 $6\ 120\ MJ/(m^2 \cdot a)$, 且日变化小、海拔高、风速小的地区。根据国际可再生能源署(IRENA)的相关研究结论, DNI 每增加 $100\ kW \cdot h/(m^2 \cdot a)$, 发电成本下降约 4.5%, 如图 1-34 所示。按照国家能源局发布的《关于组织太阳能光热发电示范项目建设的通知》, 我国建设光热电站的场址太阳直射辐射(DNI)值不应低于 $1\ 600\ kW \cdot h/(m^2 \cdot a)$。

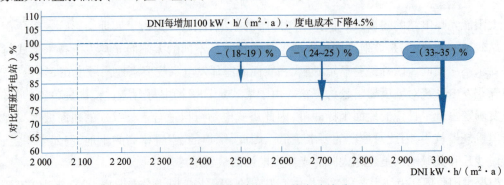

图 1-34　度电成本与 DNI 的大致关系

第1章 太阳能光热发电基础知识

2. 太阳能光热发电站应避开的地区

太阳能光热发电站宜选择在地势平坦开阔的地区,要避开常受水汽、烟尘、沙尘及悬浮物严重污染的地区;灾害易发区如泥石流、滑坡、危岩滚石、岩溶发育地段和地震断裂带等;常年大风危害地区;爆破危险的范围内;易受洪水危害地段;有开采价值的露天矿藏或地下浅层矿区上;国家规定的风景区,自然保护区和水土保持禁垦区;对飞机起落、电信、电视、雷达导航以及重要军事设施等具有相互影响的地段;国家及省级人民政府确定的历史文物古迹保护区等。

3. 太阳能光热发电站应考虑备用燃料

太阳能光热发电站应考虑备用燃料如煤炭、石油和天然气的来源和存储;对于配置储热系统的太阳能光热发电项目,备用燃料并不参与运行调解,它的用途是机组启动和吸热、储热、换热系统的防凝。辅助燃料通常采用天然气(管道输送或罐车运送),也可以采用其他燃料。在不具备辅助燃料供应的厂址,如果当地电力系统的可靠性较高,也可以外购系统电力,起到辅助燃料的作用。相对来说,槽式和熔融盐菲涅尔电站对燃料消耗量较多,这些燃料主要用于防止导热油及熔融盐的低温凝结。此外,为避免光热电站的连续发电受到太阳辐射的间歇影响,也需要投入更多的辅助燃料。

4. 太阳能光热发电站出线走廊宽度应按规划容量一次考虑

占地方面应遵循土地总体利用规划,应选择闲置土地、空地、废弃土地、荒地和劣等土地等,尽量不考虑耕地和草原。一般来说,一个 50 MW 槽式电站的占地为 2~2.5 km^2,而一个 50 MW 塔式电站占地 3~4.5 km^2,同时站址场地标高应满足与光热发电站防洪等级相应的防洪标准。

此外,光热电站选址时还应注意以下几个方面:综合考虑环保要求、施工条件、建设规划等因素;避免大量拆迁,减少土石方工程量;确保周围无遮挡太阳光的特殊建筑物等;应当充分考虑地形条件对雾气、烟雾等扩散、吹散的有利因素;最好远离有污染物排放的生产企业所在地,或选在向大气排放有害物质、颗粒物的企业的最小频率风向的上风侧。建造光热电站所需的原料繁多,运输工作量巨大,因此电站的施工建设要有良好的交通条件做保障。对于接入系统来说,应按照当地的电力系统现状和发展规划,要选择附近有介入容量与间隔变电站,并且间隔较近的地点。

三、国内光热电站选址适宜地点

根据太阳能辐射资源要求,可知我国满足建设太阳能光热电站的太阳能资源要求的区域分布在内蒙古、甘肃、青海、西藏等省区。从我国地形坡度情况分析,光热电站的建设优选较平整的荒漠和沙漠化土地,槽式或线性菲涅尔式光热电站的选址坡度以小于 3% 为宜,塔式光热电站可以适当放宽至 5%。地理纬度方面则应以较低为宜。考虑到我国公路、铁路分布情况,还需剔除农用地、城市、水域、高海拔极寒地区,光热电站的冷却以及设备清洗过程需要大量用水,因此选址时应优先考虑水源丰富的地区,再考虑到水资源分布等情况,得出我国适宜建设光热电站的省份及可利用面积见表 1-2。

表 1-2 适宜建设光热电站省份及可利用面积(单位:km^2)

省份	DNI＞1 700	可利用面积
内蒙古	484 000	337 120
西藏	657 380	169 360
青海	271 480	156 690
新疆	230 770	145 040
甘肃	189 280	140 110
河北	1 960	88
山西	130	14
合计	—	948 422

光热电站占用的土地面积也可进行估算,取年均法向直射辐射量(DNI)值为 1 800 kW·h/(m^2·a);取太阳能光热发电年平均光电转换效率为 15%;取电厂占地面积为采光面积的 5 倍;则 10 万 km^2 土地面积的年发电量估算为 100 000÷5×1 800×0.15＝54 000×10^8 kW·h。如果按配置储热系统机组的利用小时数为 4 000 计算,装机容量为 13.5 亿 kW。仅青海省和内蒙古西部地区,就有超过 20 万 km^2 土地可用于太阳能光热发电工程建设,因此我国适宜建设光热电站的土地面积还是非常充裕的。

在计算中,太阳能光热发电站的光电转化效率假设为在现阶段比较典型的不带储能装置的槽式太阳能电站的发电效率,即 15%,在经过上述分析后得出的适用于发展太阳能光热发电的面积,与其中真正用于收集阳光的有效反射面积的比例,即安装的反射镜面积和发电站总面积之间的比例,被定为 20%,此外,太阳能光热发电站的装机容量与地面面积的比率估算为 30 MW/km^2。基于上述假设,根据可用于发展太阳能光热发电的有效土地面积和 DNI,乘以转化效率等进行我国太阳能光热发电开发潜力估算,则年可发电量＝地区内有效面积×DNI×电站发电效率(15%)×反射镜占发电站总面积的比例(25%);装机容量潜力＝地区内有效面积×光热发电站的容量×地面的比率(30 MW/km^2)。分析结果显示,我国 DNI≥5 kW·h/(m^2·d),坡度≤3% 的太阳能光热发电可装机潜力约 16 000 GW;我国 DNI≥7 kW·h/(m^2·d),坡度≤3% 的太阳能光热发电可装机潜力约 1 400 GW。

早在几年前,我国政府就加大了太阳能光热发电技术研发和示范的力度,制定了 2015 年和 2020 年光热发电装机量 1 GW 和 3 GW 的总体目标,近年来,我国许多制造企业为实现这一目标扩大了制造加工能力。虽然总装机容量未达到目标,但业内人士一致认为,一旦光热装机总量超过 1 GW,随着光热发电成本的降低以及主要设备的国产化,我国光热发电行业将会得到迅速发展,在新能源电力体系中起到举足轻重的作用。

四、我国适宜建光热电站地区的太阳能资源分析

我国是一个太阳能资源非常丰富的国家,全国陆地面积接受的太阳能辐射能约为 17 000 亿 t 标准煤,其中年日照时数大于 2 200 h、辐射总量高于 5 000 MJ/m^2 的太阳能资源丰富或较丰富的地区面积较大,主要包括内蒙古西部阿拉善盟和鄂尔多斯地区、甘肃西部河西走廊、青海、西藏以及新疆的哈密和吐鲁番市,约占全国总面积的 2/3 以上,具有良好的太阳能利用条件。特别是人口密度稀少又具有一定水资源的甘肃河西走廊、青海、西藏等地区,更具有发展大规模的太阳能光热发电站的潜力。并且,中国西部的戈壁滩、荒漠地、废弃盐碱地和沙漠面积巨大,例如,内蒙古杭锦旗沿黄河南岸的适合发展太阳光热发电面积达 1 万公顷,地表水资源丰富,可以安装 200 万千瓦的太阳能光热发电站,年发电量可达 100 亿 kW·h;甘肃敦煌有超过 5 000 km^2 的平坦戈壁滩,实施"引哈济党"(大哈尔腾河向党河调水的一项水利工程)调水工程后,可以安装 100 万 kW 的太阳能光热发电站。因此,在资源的可利用量和可开发量方面,太阳能资源要优于风能、生物质能、地热能、水能等可再生能源,而在可开发利用的地域方面,也较地热能、海洋能等能源利用方式广阔。

1. 北京太阳能资源

北京以天安门地理坐标为准,是东经 116°23′17″、北纬 39°54′27″。天安门广场的海拔是 44.4 m。北京中轴线的磁偏角是西偏 6°17″。北京市南起北纬 39°28′,北到北纬 41°05′,西起东经 115°25′,东至东经 117°30′,南北横跨纬度 1°37′,东西经度相间 2°05′。由于北京市地处中纬地带,使得北京地区气候具有明显的暖温带、半湿润大陆性季风气候,这对北京市其他自然要素有深刻的影响。北京位于北纬 40°附近,致使一年当中太阳高度变化 46°52′。正午太阳高度从冬至(12 月 22 日)的 26°34′到夏至(6 月 21 日)的 73°26′;日照时数从 9 h 20 min 到 15 h 1 min。太阳辐射在一年当中差异较大,这是北京冷暖交替、四季分明的基础。日出、日落时间决定于太阳在天空中的位置。冬至日出最晚,日落最早;夏至相反,日出最早,日落最晚;春秋介于两者之间。

北京地区全年总辐射量为 4 702~5 707 MJ/m^2。一年之中,太阳总辐射量的变化呈单峰型。1~5 月随太阳高度角渐增和白昼延长,月总辐射量逐渐增加,5 月为全年最大月值;从 6 月到 12 月则随太阳高度角的减小和昼长缩短而逐月递减,12 月为全年最低值。在四季太阳辐射量中,夏季(6~8 月)最大,冬季(12~2 月)最小,春季(3~5 月)略小于夏季,秋季介于冬夏之间。

北京年平均日照时数为 2 000~2 800 h,大部分地区为 2 600 h 左右,年日照分布与太阳辐射的分布相一致,最大值在延庆区和古北口,为 2 800 h 以上,最小值分布在霞云岭,日照为 2 063 h。全年日照时数以春季最多,月日照时数在 230~290 h;夏季正当雨季,日照时数减少,月日照时数在 230 h 左右;秋季月日照时数为 190~245 h,冬季是一年当中日照时数最少的季节,月日照时数为 190~200 h。北京一天内垂直面上太阳直接辐射的利用时数以春秋季最多,每日平均近 6 h;夏季次之,7、8 两月因雨季平均每天只能利用 2~3 h,一天内水平面上太阳总辐射的利用时数以春季最多,夏季次之,冬季最少。

任何时段中连续日照时数愈长,太阳能接收器所获得的有效太阳能量就愈多。如果日照经常间断,这部分日照期间的太阳能就是无效的能量,如在日照连续 6 h 的条件下,各种太阳能接收器都能有效地进行工作。北京全年连续 6 h 的日照时数达 2 287 h,其中春季为 661 h,平均每天为 7.2 h,其他各季都低于 550 h,平均小于 6 h。若从冬季连续日照时数和实际日照时数比值关系看,北京春季和冬季被太阳能接收器有效利用的日照时数较多,若仍以日照连续 6 h 为标准,则这些季节中太阳能接收器能够有效利用的日照时数约占同期实际日照时数的 85% 以上,而夏季只有 70%。

2. 拉萨太阳能资源

西藏自治区首府拉萨市地处西藏中部稍偏东南,位于雅鲁藏布江支流拉萨河中游河谷平原,高原温带半干旱季风气候,东经 91°07′,北纬 29°39′,海拔 3 658 m。这里属高原干旱气候区,特点是辐射强,气温偏低,降水较少,空气稀薄,日照时数长达 3 000 h 以上,有"日光城"之称;夏季无高温;干湿季明显,雨季降水集中,多为昼晴夜雨的天气。

拉萨气候条件:拉萨海拔高,因而空气稀薄,气温低,日夜温差大。6 月平均气温为 15.7 ℃,平均最高气温为 22.9 ℃,是一年中温度最高的月份,1 月平均气温为 −2 ℃,平均最低气温为 −9.7 ℃,是一年中温度最低的月份;多年极端最高气温为 29.6 ℃,极端最低气温为 −16.5 ℃,分别出现在 6 月和 1 月。拉萨处于青藏高原温带半干旱季风气候区内,冬春干燥,多大风,年无霜期仅 100 ~ 120 天。年降水量有 200 ~ 510 mm,集中在 6 ~ 9 月份,多夜雨。相对而言,3 ~ 10 月份气候温暖而湿润。1961—1970 年的年平均日照时数为 3 005.7 h,日照百分率为 68%,年平均晴天为 108.5 天,阴天为 98.8 天,年太阳总辐射为 6 680 ~ 8 400 MJ/m²。

3. 格尔木太阳能资源

格尔木地处青藏高原腹地,位于海西蒙古族藏族自治州境南部,辖区由柴达木盆地中南部和唐古拉山地区两块互不相连的区域组成,位于 35°10′ ~ 37°45′N,90°45′ ~ 95°46′E,总面积约 8.1×10^4 km²。市区位于柴达木盆地中南部格尔木河冲积平原上,平均海拔为 2 780 m。格尔木属高原大陆性气候,夏季炎热,冬季寒冷,春季气温回升缓慢,秋季降温快,昼夜温差大,区域内光照充足,太阳辐射强,降水稀少,蒸发量大,气候极度干燥,它既是气候变化敏感区,又是生态环境脆弱带。格尔木地区太阳能辐射量年际变化较稳定,年均日照百分率为 70.2%。从月际变化可知,太阳能辐射量主要集中在 4 ~ 8 月,占到总辐射量的 54% 以上,太阳辐射强度大,光照时间长,属于太阳能资源丰富区。

格尔木地势海拔高、阴雨天气少、日照时间长、辐射强度高、大气透明度好,平均每天日照时间接近 8.5 h,年均日照时数为 3 096.3 h,年太阳总辐射量为 6 604.48 ~ 7 181.1 MJ/m²,太阳能资源丰富,根据格尔木气象站提供的 1971—2007 年太阳辐射实测资料反映,36 年间格尔木地区太阳辐射分布年际变化基本稳定,其数值区间稳定在 6 604.48 ~ 7 181.1 MJ/m² 之间。最大值与最小值的差值只有 538.4 MJ/m²,年平均太阳辐射量为 6 908.17 MJ/m²,1997—2007 年 10 年间的平均太阳辐射量为 6 852.64 MJ/m²。30 多年间的年最大值出现在 1985 年,达 7 181.12 MJ/m²,最小值出现在 1998 年,为 6 604.48 MJ/m²。7 月是全年月总辐射量最多的月份,为803.64 MJ/m², 是12月、1月的2倍多。月总辐射量主要集中在4~8月,占年总辐射量的54%以上。相对于全国来说,格尔木的太阳能辐射量属于丰富区。

1971—2007年格尔木日照时数最大值出现在1985年,为3 323 h,最小值出现在2007年,为2 918 h。全年日照时数基本稳定在2 918~3 323 h。格尔木5月为全年月日照时数最长的月份,为296 h。与太阳总辐射量的变化规律基本一致。从全国太阳能资源分布情况来看,格尔木地区属于日照时数较长的地区。

4. 敦煌太阳能资源

敦煌市位于甘肃省河西走廊最西端,介于92°13′~95°30′E,39°40′~41°35′N之间,全市面积为31 200 km²,境内海拔介于800~1 800 m,市区海拔为1 138 m。境内地势南北高,中间低,为自西南向东北倾斜的盆地平原地势,与瓜州县合称"安敦盆地"。敦煌市地处内陆,四周受沙漠戈壁包围,属典型大陆性气候,太阳辐射强、光照充足、热量较丰富、无霜期短、降水少、变化大、蒸发强烈、灾害频繁。

敦煌气候明显的特点是气候干燥,降雨量少,蒸发量大,昼夜温差大,日照时间长。这里四季分明,春季温暖多风,夏季酷暑炎热,秋季凉爽,冬季寒冷。年平均气温为9.4 ℃,月平均最高气温为24.9 ℃(7月),月平均最低气温为-9.3 ℃(1月),极端最高气温为43.6 ℃,极端最低气温为-28.5 ℃,年平均无霜期142天,属典型的暖温带干旱性气候(温带大陆性气候中的一个小类型)。敦煌深处内陆,受高山阻隔,远离潮湿的海洋气流,属极干旱大陆性气候,全年干燥少雨,具有三个特点:一是日照充分;二是干燥少雨,敦煌上空经常维持着一支偏北下沉气流,属干旱少雨地带,年平均降水量为39.9 mm,夏季降雨占63.9%,冬季只有7.5%,年蒸发量却达2 400 mm;三是四季分明,且冬长于夏,昼夜温差大,年温差达34 ℃。敦煌常年多为东风和西北风,近地面平均风速为3 m/s,干热风和黑沙暴为主要的自然灾害。敦煌地处甘肃、青海及新疆三省(区)交汇处,南有祁连山,北有马鬃山,东、西两面为戈壁沙漠,其中绿洲面积为1 400 km²,仅占总面积的4.5%。全市总耕地面积为1.774 7×10⁴ hm²,占绿洲总面积的12.68%。区内年平均气温为9.5 ℃,全年10 ℃以上有效积温为3 605.9 ℃,全年日照时数为3 246.7 h。

敦煌太阳辐射强、光照资源好,据气象部门多年观测,敦煌市全年日照时数达3 246.7 h,日照百分率为75%,年总辐射量为6 882.27 MJ/m²,日平均辐射量为18.86 MJ/m²,是国内太阳能资源丰富的地区之一。

5. 吐鲁番太阳能资源

吐鲁番市位于新疆维吾尔自治区东部,地处天山中东部主峰博格达山南麓,吐鲁番盆地中心。东西宽90 km,南北长262 km,地势南北高,中间低。地理坐标为东经88°29′28″~89°54′33″,北纬42°15′10″~43°35′。海拔-154~4 000 m,土地总面积为13 589 km²。东临哈密,西、南与巴音郭楞蒙古自治州的和静、和硕、尉犁、若羌县毗连,北隔天山与乌鲁木齐市及昌吉回族自治州的奇台、吉木萨尔、木垒县相接。

吐鲁番光热资源丰富,年日照时数达3 000 h以上,比我国东部同纬度地区多1 000 h左右,年平均总辐射量为 5 938 MJ/m²,仅次于青藏高原。

6. 贵州各地太阳能资源

贵州地处我国西南的云贵高原东麓、副热带东亚大陆的季风区内,属亚热带湿润季风气候区,长江和珠江上游的分水岭地带,是一个典型的喀斯特地貌的山地省。喀斯特地貌出露面积占全省总面积的 61.9%,加上部分掩盖的则达 73%。山地丘陵面积占全省总面积的 92.5%,山间平地只占 7.5%。全省平均坡度达 17.8°,是全国唯一没有平原支撑的省份。境内山高坡陡,地形破碎,土层浅薄,抗侵蚀能力弱。贵州地处低纬高原山区,南邻广西丘陵,与海洋距离不远,有充足水汽来源;北为四川盆地和秦岭、大巴山,阻挡着北方冷空气入侵;境内西高东低,山峦重叠,丘陵起伏,影响着热、水、光资源的再分配;贵州处于东亚季风区域,受西风带环流系统和副热带环流系统的影响,又是南北气流交汇比较频繁、剧烈的地区。在这种特定的地理位置和自然环境下的太阳辐射和大气环流的作用,形成了贵州独特的气候特征:气候温和湿润,立体气候明显;四季分明,无霜期较长;夏无酷暑,冬无严寒;热量较丰,两寒明显;雨量充沛,常有旱涝;总辐射弱,多散射光;阴雨少照,风速较小;灾害种类多,发生频繁。

贵州大部分地区的年平均温度为 14~18 ℃,无霜期为 260~330 天,冬季各月平均温度为 4~9 ℃,极端最低温度为 -7 ℃,夏季各月平均温度为 20~25 ℃,极端最高温度为 36 ℃;年降雨量为 1 100~1 300 mm,比华北平原多将近一倍。贵州下半年温度较高,降水集中,光照充足,热、水、光同期。

贵州因受静止锋的影响,阴雨天气多,云量多,云层厚,到达地面的太阳总辐射弱,大部分地区年总辐射在 3 349~4 186 MJ/m²,为国内太阳总辐射最少的地区之一。贵州的散射辐射在总辐射中所占的比例特别大,遵义、贵阳均在 60% 以上,晴天较多的威宁也在 50% 以上。特别是冬季散射辐射所占的比例在 67% 以上,个别年份几乎全部由散射辐射组成。

7. 海南岛太阳能资源

海南岛位于我国南海北部,仅隔 20~30 km 的琼州海峡与广东省隔海相望。地处热带的海南不仅受到大陆的很大影响,而且受到海洋的巨大调节,海气热量和水分交换及其季节性变化直接影响到海南的气温和降水。海南岛属热带季风海洋性气候,长夏无冬,光温充足,雨量充沛,东湿西干,南热北冷,光合潜力高。全年暖热,雨量充沛,干湿季节明显,常风较大,热带风暴和台风频繁,气候资源多样。基本特征为:四季不分明,夏无酷热,冬无严寒,年温差较小,年平均气温高;干季、雨季明显,冬春干旱,夏秋多雨,多热带气旋;光、热、水资源丰富,风、旱、寒等气候灾害频繁。

海南岛年太阳总辐射量为 4 500~5 800 MJ/m²,辐射日总量变化不大。海南岛位于北回归线以南,各地太阳可照时间长。年日照时数为 1 750~2 650 h,光照率为 50%~60%。日照时数按地区分,西部沿海最多达 2 650 h,中部山区因云雾较多最少为 1 750 h;各地日照时数在季节分布上以夏季最多,春季次之,秋季再次,冬季最少。

海南岛各地年平均温度为 22.8~25.0 ℃,中部山区较低,西南部较高。1~2 月为最冷月份,平均温度 16~24 ℃,平均极端低温为 5 ℃。7~8 月为平均温度最高月份,为 25~29 ℃。

海南岛降水方面,大部分地区降雨充沛,全岛年平均降雨量在 1 500 mm 以上。由于受季风和地形的影响,降水时空差别甚大。年降水量呈环状分布,东部多于西部,东湿西干明显,多雨中心在中部偏东的山区,年降雨量约 2 000 ~ 2 400 mm,西部少雨区年降雨量约 800 ~ 1 200 mm。海南岛全年湿度大,年平均水汽压约 23 hPa(琼中) ~ 26 hPa(三亚)。中部和东部沿海为湿润区,西南部沿海为半干燥区,其他地区为半湿润区。海南岛属季风气候区,盛行风随季节变更。冬半年,常风以东北风和东风为主,平均风速为 2 ~ 3 m/s。夏半年,海南岛转吹东南风和西南风,且夏秋台风较多,水分和热量都比冬半年偏北风充足,对海南岛降雨量提供了丰富的水汽资源。

海南岛是多热带风暴、台风地区。影响海南岛的热带风暴、台风多发生于太平洋西部(北纬5°~20°)的海面上。热带风暴、台风次数多,每年一般为 8 ~ 9 次,最多可达 11 次。季节长,5 ~ 11 月为热带风暴、台风季节,其中 8 ~ 10 月为最盛期。75% 左右在文昌—琼海—万宁一带沿海地区登陆,西部沿海地区没有登陆记录。风害以东北部沿岸较重。台风雨在年雨量中起着决定性作用,全岛大部分地区台风雨占年雨量的 31% ~ 36%,西、南部占 44% ~ 45%。海南岛是全国雷暴活动最多的地区,南部沿海雷日数为 60 ~ 85 天,其余地区普遍在 100 天以上。雷暴常在午后发生,较有规律,雷期为每年 3 ~ 10 月。

8. 哈尔滨太阳辐射资源

哈尔滨的地理位置介于北回归线与北极圈之间,一年中太阳高度角的变化以及与之相关的各季节太阳辐射量的变化都较大。哈尔滨冬至日 7 时 37 分日出,16 时 20 分日落,昼长只有 8 h 43 min,正午太阳高度角为 20°15′。夏至日 4 时 19 分日出,19 时 53 分日落,昼长达 15 h 34 min,正午太阳高度角为 67°45′。冬、夏两季昼长时间相差悬殊,冬至日正午太阳高度不及夏至日的 1/3。

哈尔滨整个夏季平均降水量为 335.7 mm,占全年总降水量的 64.2%,以阵性降水为多,雨日多达 11.1 天。春季气温多变,干燥多大风:春季(4 ~ 5 月)北方冷空气势力减弱,南方暖空气势力增强,哈尔滨气温迅速升高。这一期间由于气旋活动频繁,常导致气温变化无常,一次升温或降温的幅度较大,有时可达 20 ℃ 左右。秋季降温迅速,初霜较早;由于秋季降温急剧,可导致霜冻出现,平均初霜日为 9 月 21 日。

据哈尔滨日射观测站 1961—1986 年资料:哈尔滨平均年太阳辐射总量为 4 634 MJ/m^2,最大为 5 009 MJ/m^2(1976 年),最小为 4 173 MJ/m^2(1978 年)。哈尔滨辐射月总量的最大值出现在 6 月,高达 703 MJ/m^2,最小值出现在 12 月,为 105 MJ/m^2,年内变幅为 598 MJ/m^2。总辐射的逐日变化在 2 ~ 3 月间明显增大,增大幅度达 1 549 MJ/m^2。在 7 ~ 9 月间明显降低,月下降幅度为 109 ~ 113 MJ/m^2。哈尔滨太阳辐射总量中直接辐射和散射辐射两个分量随季节明显变化。由于年内各个月份大气环流及下垫面性质不同,不同月份内两个分量的组成亦有明显差异,这主要取决于各月的云量和大气透明度的区别。

哈尔滨年平均日照时数为 2 641 h,夏季多,冬季少,春、秋介于二者之间,但年内变化幅度小于可照时数的变幅。冬季由于气温低、湿度小、天空云量少,此时日照百分率(实照时数与可照时数之百分比)很大,2 月份高达 67%。虽然白昼时间较短,但 11 月 ~ 翌年 3 月的总日照时数仍可占全年的34%左右。夏季由于多阴雨日,日照百分率反而减少,7月只有53%,该月的实际日照时数比5、6月均低。

五、国内建设光热电站气候挑战

全球建设光热电站气候优劣排名第一的地区是西班牙、意大利、摩洛哥等,属于地中海气候和热带季风沙漠气候;排名第二的是美国加利福尼亚州、内华达州、亚利桑那州以及智利中部等地,属于副热带山地气候;排名第三的是沙特阿拉伯,属于热带沙漠气候;排名第四的是南非,属于地中海气候(副热带夏干气候);排名第五的是印度,属于热带季风和热带沙漠气候;排名第六的是澳大利亚,属于热带季风和热带沙漠气候;我国排名第七,适合建设光热电站的地区在新疆、内蒙古等地,属于高原大陆性气候。

国外电站所在地主要是以下三种气候环境,一是地中海气候,又称副热带夏干气候,由西风带与副热带高气压带交替控制形成的,是亚热带、温带的一种气候类型。夏季炎热干燥,冬季温和多雨,夏季平均气温22 ℃,冬季平均气温12 ℃。二是热带季风和热带沙漠气候,一月的平均气温在18 ℃以上。三是副热带山地气候,温和湿润,气温随海拔而变化,山麓地区年平均气温约20 ℃,降水量从300～1 400 mm不等。我国适宜建设太阳能光热电站的地区属于西北的高原大陆性气候,柴达木盆地属高原大陆性气候,以干旱为主要特点。盆地年均气温在5 ℃以下,气温变化剧烈,年温差可达60 ℃以上,日温差也常在30 ℃左右,夏季夜间可降至0 ℃以下,风力强盛,年8级以上大风日数可达25～75天,西部甚至可出现40 m/s的强风,风力蚀积强烈,遇到暴雪容易造成雪灾。因此,相对来说我国建设太阳能光热电站的环境是比较恶劣的,难度较高,具有挑战性。

课件
光热电站选址原则

微课
光热电站选址原则

第七节 太阳能光热发电发展现状与前景分析

为实现以清洁低碳为主要特征的能源转型,各国均在探索稳定、可控、可靠的可再生能源发展路线。研究发现,太阳能光热发电是目前除水电外唯一具备这一能力的可再生能源技术。由于配置大容量、低成本、环境友好的储能系统,太阳能光热发电可以克服太阳能资源的间歇性和不稳定性,实现平稳可控、可调度的电力输出。太阳能光热发电是可以承担电力系统基础负荷的可再生能源发电形式,目前已在西班牙、美国以及中东、北非等国家和地区取得了良好的应用效果。

一、太阳能光热发电优势

太阳能光热发电与火力发电类似,不同之处在于热能产生的方式不同,光热发电利用聚光集热装置收集阳光产生热能,火力发电通过化石燃料的燃烧产生热能,具体来说,太阳能光热发电技术有以下几点优势。

1. 太阳能光热发电具有独特的技术优势

太阳能光热发电与常规化石能源在热力发电上原理相同,是直接输出交流电,电能质量优良,可直接无障碍并网,电力品质好。太阳能光热发电可储热,可起到调峰的作用,实现 24 h 连续发电。太阳能光热发电也与火电同样具备显著的规模效应,优于风电和光伏等,随着技术进步和产业规模化发展,太阳能光热发电成本有望接近甚至低于传统化石能源发电成本。太阳能光热发电技术利用的设备都是基础工业设备,无须提炼重金属、稀有重金属和硅等,生产和发电环境均无污染。太阳能光热发电可同时生产氢气等聚光太阳能燃料,并可同时进行海水淡化、太阳能空调、工业蒸汽、热电联产等。

2. 新的经济增长点、拉动投资和就业

太阳能热发电站产业链长,对拉动传统制造业、培育新的经济增长点以及创造就业具有重要作用。光热发电采用常规汽轮机或燃气轮机进行热功转换驱动发电机发电。在去除煤电产能的背景下,能够拉动汽轮机、发电机、电站锅炉、电站辅机等产品需求,降低去煤化对火力发电装备制造业的冲击。一座带 7 h 储能、装机容量 5 万 kW 的塔式光热电站投资约 15 亿;其中,混凝土、钢材、玻璃以及硝酸盐等原材料用量分别约 3 万 m^3、1.7 万 t、0.6 万 t 以及 3.5 万 t,包括聚光器、跟踪装置等光热发电专有设备用量上万套。这不仅能够消耗大宗原材料的过剩产能,稳定就业和投资,还可以促进我国传统制造业向新兴高技术产业的转型与高质量发展,对拉动我国经济增长有积极促进作用。

3. 带有储能装置,发电功率相对平稳可控

太阳能、风能资源具有间歇性和不稳定性的特点,白天天气的变化会引起发电系统出力的大幅波动,这对电力系统实时平衡和稳定安全运行带来挑战。太阳能光热发电站配置技术成熟、成本较低且安全环保的大容量储热装置,实现发电功率平稳和可控输出。在白天日照强烈时,系统可将多余热量存储起来,避免出力超出电网需求。储能是可再生能源发展的一大瓶颈,目前储能问题是亟须解决的关键问题,太阳能光热发电有望解决大规模储能问题。太阳能光热发电可在云层遮日等光照减弱时,可及时利用储热装置中积蓄的热量,向动力发电设备进行热量补充,从而确保发电功率稳定。大量研究结果表明,直流送端不稳定的可再生能源占比高、网架薄弱、换相失败等故障会导致系统暂态过电压,引发可再生能源大规模连锁脱网,危害电网安全稳定运行。光热发电具有功率调节和电压支撑能力,根据我国已投产中广核德令哈、首航节能敦煌以及中控德令哈三个光热发电示范项目的验收结论,太阳能光热发电机组调峰深度为 85%、升降负荷速率可达每分钟 3% 和 5% 左右的额定功率,调峰深度和速度均明显优于常规火电。在大规模不稳定的风电和光伏发电并网的发展情况下,光热发电是真正清洁低碳、安全高效的电源形式,能够进一步提高可再生能源电力的占比,提高能源利用效率,同时满足电网安全需求,成为能源互联网的重要组成部分和关键支撑技术。

4. 运行方式灵活

太阳能光热发电系统可以与燃煤、燃油、天然气及生物质发电系统等进行联合循环运行，克服太阳能不连续、不稳定的缺点，实现全天候不间断发电，使得其可调节性好，更具有电力系统友好特性。太阳能光热发电系统也可以与热化学过程结合，实现高温制氢。

5. 综合能源服务的中坚力量

太阳能光热发电可进行热电并供，可利用余热进行咸水淡化和清洁供暖；还可形成微型电网独立运行，适用于边远农牧区、山区和海岛等地供电，也可联网运行作为电网可控发电单元。

6. 提高不稳定可再生能源电力的消纳，能源转型新途径

作为全生命周期CO_2排放极低[约17 g/(kW·h)]的环境友好型技术，太阳能光热发电带有安全环保的熔融盐储能系统，是解决当前可再生能源发电波动性对电网安全性影响问题的重要途径。以目前新疆电网为例进行过模拟计算，假定建设光热发电机组从100万~500万kW，可减少弃风弃光电量10.2%~37.6%，显著提高电力系统接纳光伏发电和风电的能力。光伏发电要为电力系统提供可靠的电力，则必须配置至少6 h的储能电站（满足晚高峰电力需求）；按照目前的市场情况和未来的发展趋势，光热发电的可靠性和经济性要优于光伏+电池储能。

二、太阳能光热发电现状

国外在塔式发电系统设计、镜场优化布置、定日镜跟踪校准、瞄准策略制定以及吸热器设计选型等技术层面已经较为成熟；在槽式光热方面，相继开发出ET槽、HT槽、UT槽等多种槽式聚光器结构，完全掌握了槽式镜场设计以及运行控制技术。当前国外正朝着"高参数、大容量、连续发电"这三个方向研究。高参数为聚光比高、运行温度高和热电转换效率高，其集中于高反射率高精度反射镜、高精密度跟踪控制系统、高热流密度下的传热、太阳能热电转换等核心技术和关键设备的研制。大容量指发电规模大，主要是降低投资成本和单位发电成本，逐步具备与火力发电成本相当的竞争能力。发电连续性主要是提高储热效能，其发展目标是长时间、24 h连续发电，使太阳能光热发电从承担峰值负荷向承担基础负荷电站方向转变。另外，国外也在开展光热耦合超临界CO_2布雷顿动力循环，熔融盐吸热储热介质，新型耐高温涂层、反射镜清洗运维技术等方面的研究。

在塔式光热发电上，国内研究集中在镜场优化布置、光学效率分析、镜场调度以及吸热器动态特性模拟等方面，国内企业已具备定日镜的生产制造能力，在熔融盐吸热器、熔融盐泵等关键设备的加工制造方面还存在不足。在槽式聚光器及集热管设计及制造方面，国内产品的关键技术指标与国外基本相当。从技术发展趋势来看，系统设计技术方面，传热管路和储热岛系统优化设计是研发设计重点；设备研发方面，着力于镜场、吸热器、塔体、集器等关键设备，同时新型传储热介质、碟式+储能、超临界CO_2循环、聚光二次反射、集热管自动清洗机器人等前沿技术将是研究热点。

第一章 太阳能光热发电基础知识

太阳能光热发电是太阳能的高品位利用方式,产业链长,涉及太阳能集热、传热储热、常规发电等多种系统集成,集光学、热学、材料学、热能工程及机械等多个技术领域。随着首批太阳能光热发电示范项目的建设和投产,我国太阳能光热发电产业链企业逐步增多。据太阳能光热联盟不完全统计,2020 年我国太阳能光热发电产业相关企事业单位数量达到 542 家,如图 1-35 所示。其中,聚光领域企事业单位数量最多,达到 167 家;其次是传储热领域,达到 104 家。2020 年,聚光部件企业达到 90 家,较 2018 年增加了 44 家;吸热部件企业达到 46 家,较 2018 年增加了 19 家;传储热材料与设备企业达到 104 家,较 2018 年增加了 30 家;控制系统相关企业达到 26 家,较 2018 年增加 12 家;电站建设单位达到 65 家,较 2018 年增加 44 家;关注太阳能光热发电相关技术研究的高校也较 2018 年增加了 25 家,达到 39 家。据太阳能光热产业技术创新战略联盟 CSTA 统计,我国太阳能光热发电产业链相关企业分类及数量如图 1-35 所示,2020 年较 2018 年我国太阳能光热发电产业链新增企业数量如图 1-36 所示。2021 年,我国太阳能光热发电产业相关企事业单位数量达到 550 家左右,其中,聚光领域数量最多,约为 170 家。

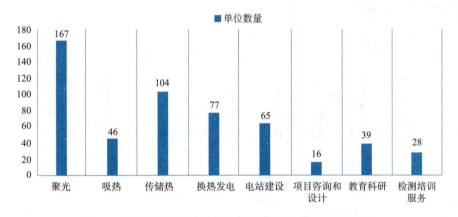

图 1-35 我国太阳能光热发电产业链相关企业分类及数量

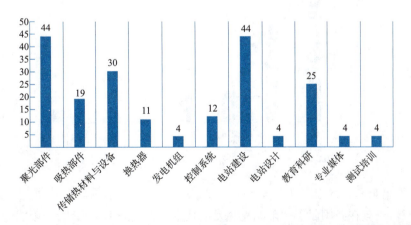

图 1-36 2020 年较 2018 年我国太阳能光热发电产业链新增企业数量

在太阳能光热发电产能方面,太阳能光热发电用超白玻璃原片、专用聚光器、吸热器等方面,我国企业已经建立了数条生产线,具备了支撑太阳能光热发电大规模发展的供应能力。据太阳能光热联盟统计,我国拥有太阳能超白玻璃原片生产线 5 条,槽式玻璃反射镜生产线 6 条,平面镜生产线 6 条,槽式真空吸热管生产线 10 条,塔式定日镜组装生产线 19 条,槽式集热器组装生产线 18 条,跟踪驱动系统生产线 21 条,导热油生产线 9 条,熔融盐生产线 15 条。粗略计算,我国反射镜产能已经能够满足每年 2~3 GW 带 6 h 以上储能的太阳能光热发电站的建设。槽式吸热管的总产能约 2 GW,能够供应约 40 座带 7 h 储能 50 MW 槽式电站同时建设。

在行业规模方面,据太阳能光热联盟不完全统计,2020 年,我国太阳能光热发电行业总资产累计达到约 455 亿(不包括企业资产,2018 年约 300 亿),2020 年新增投资约 155 亿元。在装机容量方面,截至 2020 年底,全球太阳能光热发电累计装机容量达到 6 690 MW(见图 1-37),我国并网的太阳能光热发电累计装机容量达到 538 MW(含兆瓦级以上规模项目,其中,首批太阳能光热发电示范项目并网容量达到 450 MW,共 7 座),在全球占比达到 8%,较 2019 年提高了 2%,位居全球第四(见图 1-38)。

图 1-37　2020 年全球太阳能光热发电累计装机容量

图 1-38　世界主要国家和地区太阳能光热发电装机容量

在电站发电量和运营方面,《2020 年中国太阳能光热发电及采暖蓝皮书》指出:太阳能光热发电系统复杂,且在我国属于太阳能光热发电技术的首次规模化示范,太阳能光热发电站的设计、建设及运维经验较少,存在较长的设备调试消缺、优化和运行经验积累的过程。2018 年率先并网的三个示范项目通过不断消缺、优化和经验的积累,发电量逐步提高(消缺是电力行业的术语,主要是指通过对发生异常的设备进行测试、校验、解体、更换、紧固、焊接、润滑等工作,使异常设备恢复正常工作的过程,也指施工方对设备厂家到货设备缺陷的处理。消缺,顾名思义,消除缺陷,在工程上经常用到,施工过程中会出现各种缺陷,在调试运行过程中发现缺陷,然后组织人员进行一一消除,简称消缺)。

中广核德令哈 50 MW 光热发电示范项目通过不断调试消缺,2020 年上网电量同比 2019 年提升 115%,2021 年一季度同比进一步提升了 65%,并实现连续稳定运行 32 天(772 h)的运行记录。青海中控德令哈 50 MW 光热电站实际发电量已经基本接近设计发电量,截至 2020 年,累计发电量达到 1.7 亿 kW·h;其中 2020 年 10 月 9 日~11 月 8 日 24 时发电量合计 1 840 万 kW·h,再创月度发电量新高,月度累计上网电量 1 715.28 万 kW·h,厂用电率仅为 6.78%;电站在 2021 年 8 月 5 日至 2022 年 7 月 5 日一直稳定发电。11 个月时间的发电量(1.46 亿 kW·h)达到了年度设计发电量,成为全国首个发电量完全达到设计水平的光热电站。首航高科敦煌 100 MW 光热电站 2020 年全年发电量 1.37 亿 kW·h(发电量偏低的主要原因是项目前期典型年气象数据与实际数据相差较大、四季度安排吸热防护板检修,新冠肺炎疫情导致汽轮机组维修周期很长,以及敦煌全年天气变化、风沙天太多等导致年利用小时数远不及预期),以平均负荷率 60% 左右实现了不停机运行 9 天(216 h)。

在全球投运的太阳能光热电站装机中,各类技术形式应用多样,但仍以导热油槽式和熔融盐塔式两种技术路线为主。槽式技术路线在全球装机容量中占比最高,主要还是因为槽式是全球最早商业化运行的技术路线,始于美国 20 世纪 80 年代投运并运行至今的 9 座 SEGS 槽式电站,总装机容量 354 MW。而后期兴建的太阳能光热发电项目,投资方更偏向于有参考样本、被商业化验证过、风险性较低的技术。因此造成西班牙绝大多数项目均采用导热油槽式技术路线。槽式光热电站约占西班牙太阳能光热发电总装机容量的 96.5%,约占全球装机容量的 34.5%。然而,在包括我国在内的太阳能光热发电新兴市场,槽式和塔式两种技术路线在装机容量中的占比差距在不断缩小,这主要由于运行原理上塔式系统的聚光比高于槽式光热电站的聚光比,可以实现更高的运行温度,从而带来更高的系统效率以及更多的电力产出。因此塔式技术路线也有了越来越多的商业化运行项目。在我国,塔式技术路线占并网项目的 76.2%。

三、太阳能光热发电技术展望

在技术应用前景上,机组容量趋于大容量,提高系统效率。建造大容量太阳能光热发电站是降低太阳能光热发电成本的重要途径。在同样技术条件下,机组容量越大,单位 kW 的投资成本和年运行维护费用越低,机组本身的运行效率和电站辅助设备及管道系统的效率也越高,则电站综合效率明显提高。特别是对于塔式、槽式光热发电站,其发电成本与装机容量规模密切相关。

通过补燃或与常规火电厂联合运行,提高技术经济性。将光热发电系统与常规火电厂联合运行,既可高效利用太阳能光热系统提供中低温和中低压的水蒸气,又具有很高的发电系统综合效率,将成为今后较长一个时期内开发利用光热发电技术的重要发展趋势之一。槽式光热发电系统在中高温应用时成本较低,因此槽式光热发电系统与常规火电厂联合运行是今后首选发展方式。当电站规模较大或配备大容量储热系统时,塔式光热发电系统与常规火电厂联合运行(见图1-39)也具有很好的技术经济性能。

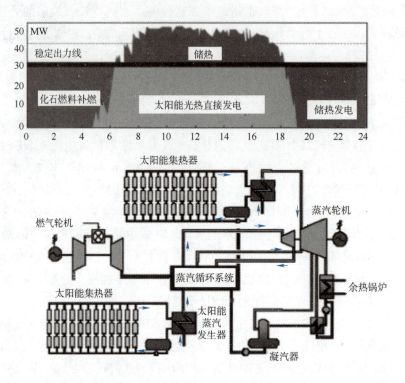

图1-39 太阳能光热发电与火力厂联合运行

光热发电存在"热"这种中间形式,可通过对热的综合利用提高能源利用效率,具体形式包括采暖制冷一体化、海水淡化(见图1-40)等,进行综合利用,同时满足多种需求,对某些特殊地区,如边防海岛、沙漠等地区或灾区尤为有效。近年来一些科学家提出光热发电技术用于煤的气化与液化,形成气体或液体燃料,进行远距离运输。

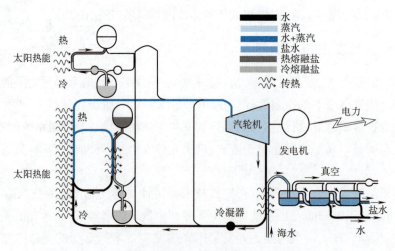

图1-40 光热发电和海水淡化相结合的综合利用

光热发电的发展方向是扩大单个项目规模、提高储热温度、增加容量因子,2010—2020 年承担腰荷(最小负荷与平均负荷之间的部分称为腰荷)和峰荷(平均负荷水平线以上的部分称为峰荷),储热技术虽已进一步发展,但是目前只能承担腰荷和峰荷,需要建设专用输电线路,将光热发电输送至负荷中心,到 2020 年全球光热发电平均容量因子为 32%。2020—2030 年承担基荷(最小负荷水平线以下部分称为基荷)与碳减排任务,光热发电在承担基荷方面与燃煤发电相比具有竞争力,大多数国家的激励政策将逐步退出,2010 年后建设的项目将在这一阶段收回投资成本,进入高盈利时期,到 2030 年,全球光热发电平均容量因子为 39%。2030—2050 年起到电力与燃料的作用,光热发电与常规化石能源发电相比完全具备竞争力,到 2050 年,全球光热发电平均容量因子为 50%,与此同时,太阳能燃料逐渐进入世界能源供应体系,随着电力系统低碳化进程加速,沼气和太阳能燃料成为太阳能热电站主要的备用燃料。

《2020 年中国太阳能热发电和采暖行业蓝皮书》指出:高比例可再生能源接入电网已经成为定局,随着波动性可再生能源光伏和风电装机容量的不断增加,电网对电源侧的稳定性要求越来越高。太阳能光热发电的能量转换过程将太阳辐射能转化为热能,再通过热功转换生产电能,这一特点使得太阳能光热发电在技术上天然配有低成本大容量的储热系统,生产的电力根据电网需求调度的优势,可以和光伏电站互补,组成太阳能电站,也可以和风电组成新型的风光互补电站,还可以在我国西部可再生能源基地中,充当能源互联网中能量接收和发送的重要节点,有效提高电力稳定性。预计在 2020—2030 年间,我国太阳能光热发电产业将进入规模化阶段,同时随着储能电价政策和机制的明确,在国家政策的有力支持下,到"十四五"末期的 2025 年,我国太阳能光热发电的累计装机量有望达到 5 GW,我国参与全球电站建设的累计装机不低于 10 GW。

光热发电发展现状与前景分析

思 考 题

1. 太阳能光热发电基本原理是什么?有哪几种发电形式?
2. 聚光比有哪两种定义?分别是什么?有什么区别?
3. 大气对太阳辐射的衰减作用表现在哪几个方面?
4. 标注太阳位置的两种坐标系分别是什么?如何定义的?
5. 聚光形式有哪两种?太阳能光热发电聚光属于哪一种?
6. 太阳高度角、太阳方位角、集热器方位角是如何定义的?
7. 太阳能光热电站的建设对太阳辐射资源有什么要求?为什么只能利用太阳法向直射辐射资源?
8. 你认为太阳能光热发电的发展前景如何?电站建设成本可以在哪些方面下降?

第二章 槽式光热发电技术

导读

《王志刚·光耀德令哈》

2019年3月9日,《我爱你,中国》节目第三季《人间正道是沧桑》播出专题片《王志刚·光耀德令哈》,该节目讲述了以王志刚为首的中广核德令哈50 MW光热发电项目团队建设和运维该项目的细节,他们是戈壁上的追光者,建成全球海拔最高的光热电站。

2018年10月10日,中广核德令哈50 MW光热示范项目正式运行,中国由此成为世界上第八个掌握大规模光热技术的国家。德令哈光热示范项目将深化推动我国能源体制改革,它的成功,离不开背后千千万万和王志刚一样不舍昼夜、奋力"逐日"的光热人。

辉煌总在苦难中孕育,要想逐日,总要付出常人所无法理解的牺牲和努力。德令哈光热示范项目位于德令哈市的戈壁滩上,这里海拔3 000 m,空气含氧量只有我国平原地区的70%。高原生存挑战人类的极限,在德令哈,每天伴随王志刚的都是严重的高原反应,血压高达175,睡眠变得很轻,每晚醒来五六次,白天坐着就会流鼻血,头时常嗡嗡作响。尽管如此,王志刚受命攻坚,为国"取光"毫不退缩,带领团队建成了德令哈光热电站,是目前全球海拔最高的大型商业化槽式光热电站,堪称世界工程奇迹,王志刚是这一奇迹的重要创造者之一。

2017年6月,王志刚离开挚爱的妻女,只身挺进戈壁。没想到到达的第二天,六月的德令哈下起了冰雹,承担项目技术指导的西班牙某公司技术人员因受不了德令哈的高寒、缺氧,单方解除了合约,整个项目顿时失去技术支撑。当时太阳岛正在进行设备安装,每个工序都有极高的精度控制要求,9 880个立柱及其地脚螺栓安装精度误差不能超过2 mm。王志刚说:"我们经过慎重考虑,觉得还是自力更生。"一年时间,97名光热人建好了太阳岛,成功摸索出一系列高海拔地区的光热项目技术实施方案,开创了全球光热电站冬季低温环境下分步注油的先例,还打造了一座亚洲最大的熔融盐储热罐,当光照不足时,存储的热量可以继续发电,实现24 h连续稳定发电。2018年10月10日,中广核德令哈50 MW光热示范项目正式运行,年发电量可达2亿kW·h。与同等规模的火电厂相比,每年可节约标准煤6万t,减少CO_2等气体排放10万t。

王志刚这位走不累、冻不垮、难不倒的"光热战士",一直坚持到了光热电站投运的胜利时刻,才因为看病回到了武汉妻女的身边。安得光明照人间,千家万户俱欢颜。这背后,是无数建设者将他们的坚守与奉献,写在高山与荒原之上、森林与大海之间,他们燃烧了自己,照亮了别人。

——摘自CSPPLAZA网

第二章 槽式光热发电技术

知识目标

1. 掌握槽式光热电站的组成、特点、关键设备；
2. 了解国内外一些典型槽式电站的相关技术参数；
3. 掌握抛物面反射镜基材超白玻璃的特性；
4. 掌握真空集热管的结构组成及对应的作用、真空集热管的性能要求及关键技术、真空集热管的测试等；
5. 掌握太阳能蒸汽锅炉系统原理与计算；
6. 掌握槽式光热电站常用传热介质导热油的成分与特性；
7. 了解反射镜的清洗方式、清洗频率等。

能力目标

1. 能够查阅文献资料找出国内外已建的槽式电站；
2. 具备使用光热电站技术参数对电站进行专业描述的能力；
3. 能够熟练阐述槽式电站关键设备及其结构特点；
4. 能够对太阳能蒸汽锅炉进行简单的设计计算；
5. 具备光热电站运营期间的清洗运维能力。

素质目标

1. 学习王志刚等光热战士敢于承担重任、牺牲小我成就大我的无私奉献精神；
2. 培养勇于接受考验、"走不累、冻不垮、难不倒"的吃苦耐劳精神；
3. 养成细致、不急躁、精益求精的学习和工作态度；
4. 向爱清洁的反射镜学习，养成讲卫生爱干净整洁、积极勤劳地整理内务的习惯。

槽式太阳能光热发电技术（parabolic trough solar power）是通过槽式抛物面聚光镜面将太阳光汇聚在焦线上，在焦线上安装有管状集热器以吸收聚焦后的太阳辐射能，管内的流体被加热后，流经换热器加热水产生蒸汽，借助于蒸汽动力循环来发电。槽式太阳能热发电系统主要包括集热系统、储热系统、换热系统及发电系统。其中，换热系统及发电系统技术较成熟，应用普遍，美国加利福尼亚州南部的SEGS太阳能光热电厂自1990年建立运行到现在已有30多年了，因此槽式光热电站有较长时间的运营经验，我国2016年发布的第一批国家示范光热电站中就有7个槽式光热电站。本章将介绍槽式电站的基本组成与特点、典型槽式电站、槽式电站中的关键设备抛物面反射镜与真空集热管等。

第一节 槽式电站组成与特点

一、槽式电站组成与工作原理

典型的以导热油为传热工质的槽式太阳能光热发电系统如图2-1所示。槽式太阳能光热发电系统包括聚光集热系统（太阳岛）、传储热系统（传储热岛）、热-功-电转化系统（发电岛），其中，聚光集热系统包括真空集热管、抛物面反射镜等设备，单个槽式集热器单元可串联形成600 m加热回路，数十上百个相同的集热器回路并联，组成整个电站集热镜场部分，导热油可由293 ℃被加热到393 ℃；传储热系统包括高温熔融盐罐、低温熔融盐罐及油-水换热器等设备；热-功-电转换系统包括蒸汽轮机、发电机、冷却塔、除氧器等设备。

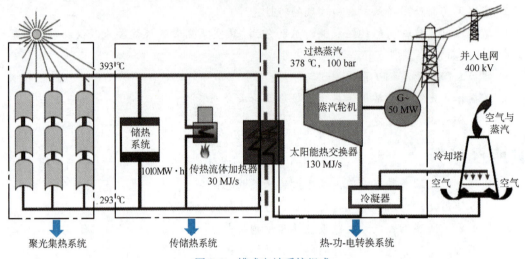

图 2-1　槽式电站系统组成

当前槽式电站大都采用熔融盐储热技术路线，有储热系统的槽式光热发电站工作原理为聚光集热系统中的抛物面反射镜将收集到的光能反射到真空集热管得到高温，导热油被泵送到高温真空集热管，在流动过程中吸收真空集热管聚集到的热能；导热油将热量带走并将一部分热能在熔融盐-油换热器中将热量传递给熔融盐进行存储，另一部分热能在油-水换热器中传递给水，使得水变成高温高压的过热蒸气推动汽轮机组进行发电。槽式电站的基本工作模式为：白天有太阳辐射时，电站利用一部分收集到的光能直接进行发电，剩余部分的热能存储到熔融盐罐中；晚上没有太阳辐射时，将白天存储的热能释放出来进行发电，当储热容量较大时可以实现连续24 h不间断发电。

槽式电站中聚光集热系统主要由成百上千条回路(loop)组成，标准的回路长度为600 m，每条回路一般由4个集热阵列(SCA)组成(见图2-2)，一个集热阵列由12个集热单元(SCE)组成(见图2-3)。

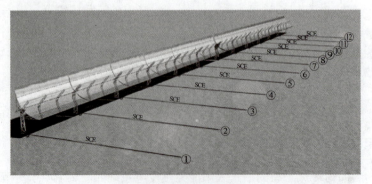

图 2-2　槽式集热阵列 SCA

图 2-3　槽式集热单元 SCE

二、槽式光热电站特点

槽式光热电站聚光比一般为 50～150，发电效率为 11%～16%，聚光温度根据加热介质的不同而有所不同，当加热介质为导热油时，真空集热管出口温度在 400 ℃以下；当加热介质为熔融盐时温度可以达到 550 ℃。槽式光热电站可以采用并联方式，单机容量可以较大，抛物面反射镜与真空集热管同时跟踪太阳，为单轴跟踪。技术难点之一是高温集热真空集热管的加工和制造，之二是高精度的抛物面聚光镜的生产。槽式光热电站有 30 年以上的商业化运行经验，技术成熟，安装维修经验丰富；多聚光集热器可以同步跟踪，一个槽式回路共用一套跟踪控制装置，故跟踪控制成本大为降低；真空集热管吸收器为管状，使得工作介质加热流动的同时，也是能量集中的过程，故其总体代价相对最小，经济效益最高，但也存在不足，如造价下降空间小，效率提升空间小，聚光比较低，效率偏低。

课件

槽式电站组成与特点

微课

槽式电站组成与特点

第二节　典型槽式电站

下面介绍国内外一些典型的槽式电站，对槽式电站的一些基本参数和运行情况进行了解。

一、西班牙 Andasol 槽式光热电站

西班牙 Andasol 槽式光热电站是欧洲第一个商业化的光热发电站，该槽式光热电站由三个 50 MW 机组组成，其中，Andasol 1 号电站开建于 2006 年 7 月，2009 年 3 月实现并网投运；Andasol 2 号电站开建于 2007 年 2 月，2009 年 6 月建成；3 号电站则开建于 2008 年 8 月，2011 年 9 月建成投运。

Andasol 1 号和 2 号电站位于西班牙南部的 Granada 地区，每个电站占地面积 200 万 m^2，机组容量 50 MW 采用熔融盐间接蓄热，储热时长 7.5 h，Andasol 3 电站位于西班牙南部安大路西亚（Andalusia），占地面积为 2 km^2。西班牙 Andasol 槽式光热电站实景如图 2-4 所示。

图 2-4 西班牙 Andasol 槽式光热电站实景

西班牙 Andasol 槽式光热电站设备供应商具体情况见表 2-1。

表 2-1 西班牙 Andasol 槽式光热电站设备供应商

类 别	Andasol 1 号	Andasol 2 号	Andasol 3 号
集热器	Flagsol SKaL-ET 150	Flagsol SKaL-ET 150	Flagsol SKaL-ET 150
反射镜	Flabeg RP3	Flabeg RP3	Rioglass
采光面积	510 120 m²	510 120 m²	510 120 m²
集热管	Schott(PTR70) Solel(UVAC 2008)	Schott(PTR70) Solel(UVAC 2008)	Schott(PTR70)
导热油	Dowtherm A	Dowtherm A	Dowtherm A
EPC	Cobra(80%) SENER(20%)	Cobra(80%) SENER(20%)	Duro Felguera
储热	7.5 h 双罐熔融盐储热	7.5 h 双罐熔融盐储热	7.5 h 双罐熔融盐储热
汽轮机	Siemens SST700	Siemens SST700	maN
电伴热	AKO	AKO	AKO
设计咨询	Fichtner Solar	Fichtner Solar	Fichtner Solar
补燃比例	12%	12%	12%

Andasol 1 号槽式电站是全球首个配置了大规模熔融盐储热系统的商业化光热电站,具有 7.5 h 储热系统,该储热系统有 28 500 t 熔融盐,60% 硝酸钠加 40% 的硝酸钾,储热能力达 1 010 MW·h,储热罐高 14 m,直径为 36 m,使电站的年发电小时数大大增加,容量因子达到了 38.8%。该电站技术参数见表 2-2。

表 2-2 Andasol 1 号电站基本技术参数

Andasol 1 号电站太阳岛基本参数		Andasol 1 号电站常规电力岛基本参数	
镜场总面积	510 120 m²	汽轮机总容量	50.0 MW
集热器阵列(SCA)数量	624	汽轮机净容量	49.9 MW
集热回路总数	156	汽轮机供应商	德国 Siemens

续上表

Andasol 1 号电站太阳岛基本参数		Andasol 1 号电站常规电力岛基本参数	
每个集热回路 SCA 数量	4	输出类型	蒸汽循环
SCA 面积	817 m²	动力循环压力	100.0 bar
每个 SCA 长度	144 m	冷却方式	冷却塔水冷却
每个集热器阵列的集热器单元(SCE)数量	12	汽轮机效率	满负荷时 38.1%
反射镜供应商	Flabeg(RP3)	光热年均效率	16%
真空集热管总数	11 232 根	常规能源辅助类型	高温高压加热器
集热管供应商	Schott(PTR70)	辅助能源占比	12%
传热流体	Dowtherm A	Andasol 1 号电站传热储热岛基本参数	
镜场进口温度	293 ℃	储热类型	双罐熔融盐
镜场出口温度	393 ℃	储热时长	7.5 h

在槽式光热电站集热镜场中,一个典型的 ET 集热回路(Loop)由 4 个集热阵列(SCA)组成,一个集热阵列由 12 个集热单元(SCE)组成。

Andasol 电站机组的日负荷曲线如图 2-5 所示,从图中可见,夏季运行工况是当地太阳光线从约 5 点开始出地平线,1 h 后机组开始启动负荷开始上升,经过约 2 h 机组达到满负荷输出,在 8 点到 15 点机组发电和储热同时进行,当太阳辐射量降低后,储热量和太阳辐射量叠加发电,持续到凌晨 2 点左右负荷下降。如果机组采用调峰发电形式,即从 9 点后满负荷运行,到 15 点后负荷减半运行,则可保持机组全天运行。在夏季白天连续 16 h 满负荷发电,晚上连续 8 h 在 50% 负荷下运行,则可保持全天连续发电。

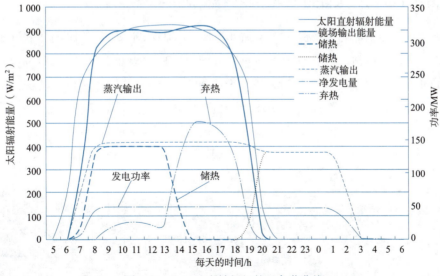

图 2-5　Andasol 电站机组的日负荷曲线

Andasol 电站系统设备占电站成本比例大致如图 2-6 所示。太阳岛设备成本占比为 39%,储热 7.5 h 成本占比为 10%,发电岛设备占比为 14%。太阳岛设备主要包括抛物面反射镜、真空集热管、钢材支架、传热系统管道、控制系统、传热介质等,其成本占比如图 2-7 所示。

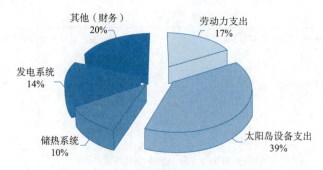

图 2-6　Andasol 槽式电站各项支出比例

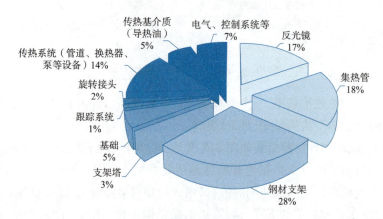

图 2-7　太阳岛设备支出占比

二、南非 100 MW Kathu 槽式光热电站

Kathu 电站建于南非北开普省,项目配置 4.5 h 储热系统,于 2016 年 10 月正式开工建设,总占地面积 8 km²。该电站采用了 SENERTrough 2 大开口槽式集热器,开口达 6.87 m,相比传统的 5.77 m Eurotrough 集热器的开口大 20%,单个集热器单元(SCE)的长度为 13 m,焦距 2 m,配置反射镜数量为 32 块(8×4 布置),一个集热阵列(SCA)由 12 个 SCE 构成。这是继摩洛哥装机 200 MW 的 NOOR2 槽式光热电站之后又一个采用 SENERTrough2 大开口槽式集热器的商业化电站。图 2-8 所示为南非 100 MW Kathu 槽式光热电站实景图。Kathu 电站发展进程见表 2-3。

图 2-8　南非 100 MW Kathu 槽式光热电站实景图

表 2-3　Kathu 槽式光热电站发展进程

时间	推进过程
2014.12.12	南非能源部发布 REIPPPP 计划第三阶段 B 轮招标中标结果，苏伊士环能集团（GDF Suez）投标的 Kathu 槽式光热电站中标
2015.4	西班牙 Sener 和 acciona 联合体被选为南非 Kathu 光热电站的 EPC 总承包商
2016.5	法国 Engie 宣布就南非 100 MW Kathu 槽式光热电站与南非国家电力公司 Eskom 签署了为期 20 年的 PPA 购电协议
2016.6	Sener 和 acciona 联合体宣布正式启动南非 Kathu 槽式光热电站的建设工作
2016.7	该项目完成融资。项目投资方成员包括 SIOC 社区发展信托基金、天达银行、Lerekometier 及公共投资公司等投资机构，其中，Engie 集团持股 48.5%
2016.10	项目正式动工建设
2018.11	项目首次实现并网成功
2019.1.30	项目实现商业化运行

三、国家 863 延庆 1 MW 槽式光热发电项目

2017 年 5 月 25 日，"十二五"国家 863 项目 1 MW 槽式太阳能光热发电试验项目（见图 2-9）在延庆八达岭中科院电工所太阳热发电试验园区成功试运行，在实测 DNI 超 800 W/m² 的辐照条件下，导热油出口油温达到 391 ℃。国内此前一直没有建成的兆瓦级槽式光热发电试验项目，该项目的建成对国内槽式光热发电技术的产业化具有重要意义。该项目隶属于"十二五"863 主题项目"太阳能槽式集热发电技术研究与示范"项目的一部分，项目旨在开发用于批量生产的太阳能槽式聚光器的制作技术和关键设备，打破国外在太阳能槽式光热发电关键器件上的垄断，建立兆瓦级太阳能槽式光热发电实验平台，提出太阳能槽式集热及其与常规燃煤互补发电的集成设计方法并进行系统试验示范，为太阳能槽式光热发电站发展提供全套解决方案。图 2-10 所示为延庆 1 MW 槽式光热发电项目建设过程。

课件●
典型槽式电站

微课●
国内典型光热电站介绍

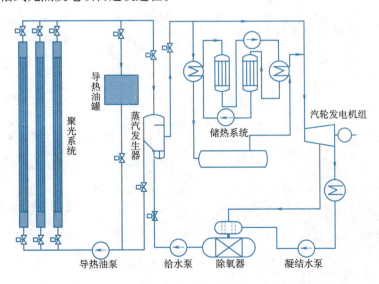

图 2-9　电工所延庆 1 MW 槽式太阳能试验项目

图 2-10　延庆 1 MW 槽式光热发电项目建设过程

该项目于 2014 年 7 月 27 日开工建设,2017 年 4 月 30 日完成建设,随后进入调试阶段。共包括三个槽式 600 m 回路,其中中广核太阳能、中海阳能源、皇明太阳能各自承担其中一个回路的建设任务,其中 2 个为轴向东西布置,1 个为轴向南北布置。传热流体为导热油,聚光器采光总面积为 10 000 m^2,蒸汽发生系统由预热、蒸发、过热三部分构成,系统可接入原 1 MW 塔式试验项目的发电系统进行联合运行。图 2-11 所示为延庆 1 MW 槽式光热电站实景。

图 2-11　延庆 1 MW 槽式光热电站实景

四、中广核德令哈 50 MW 槽式光热电站

中广核德令哈 50 MW 槽式光热电站于 2015 年 8 月开建,并于 2018 年 6 月 30 日实现首次并网发电,该项目总投资约 17 亿元,采用槽式导热油集热技术路线,配套 9 h 熔融盐储热系统,储罐直径为 42 m,高 14.5 m,总容积为 2 万 m^3,介质运行温度为 280~386 ℃。

电站中的太阳岛包含 190 个标准集热回路,集热器开口为 5.77 m,一个回路的总长是 600 m,使用集热器单元接近 10 000 个,安装反射镜超过 25 万片、62 万 m^2 反光镜,11 万 m 长真空集热管、跟踪驱动装置,它们就像向日葵一样进行追日,犹如大地上的天空之镜,蔚为壮观。图 2-12 所示为中广核德令哈 50 MW 槽式光热电站实景图。

图 2-12　中广核德令哈 50 MW 槽式光热电站实景图

2016 年 9 月 14 日,国家能源局正式发布《国家能源局关于建设太阳能热发电示范项目的通知》,共 20 个项目入选中国首批光热发电示范项目名单,总装机约 1.35 GW,包括 9 个塔式电站,7 个槽式电站和 4 个菲涅尔电站。在首批示范项目中,中广核德令哈 50 MW 槽式光热电站实现了 5 个第一,国内首个开工建设;国内首个获得亚洲开发银行低息贷款;全球首创导热油分步注油;首个带电并网(2018 年 6 月 30 日实现并网,当时气候条件较为恶劣,面临的技术难度比较大);首个投入商业运行(2018 年 10 月 10 日,中广核在北京宣布项目正式投运),曾荣登央视纪录片《超级工程》,并获得 2018 年第五届中国国际光热电站大会光热发电示范项目推动奖。

项目总工期为 1 360 天,2015 年 8 月,主体工程开挖;2015 年 9 月,第一罐混凝土浇筑;2016 年 6 月,汽机房封顶;2017 年 8 月 31 日,厂用电带电;2018 年 6 月 30 日,一次带电并网;2018 年 9 月 30 日实现了带储能多种模式的联合发电;2018 年 10 月 10 日,对外宣布项目投运;2018 年 12 月 14 日,开展升降负荷试验,达到验收标准。

第三节　槽式电站真空集热管

真空集热管是槽式光热电站中实现从光能到热能转换的核心部件,其主体为双层套管结构,外管为玻璃管,内管为不锈钢管,真空集热管质量和性能影响电站发电效率和运维成本。

一、真空集热管的结构

真空集热管的结构包括 7 部分,分别为抽气口、玻璃与钢管之间的真空带、外玻璃管、有涂层的内金属管、真空维护结构、玻璃-金属焊接部位、膨胀波纹管,如图 2-13 所示。

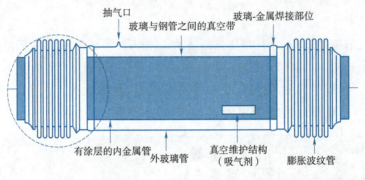

图 2-13 真空集热管结构

抽气口主要为抽真空时留下的痕迹;为减少真空集热管对流换热和导热散失的热量,外玻璃管与内金属管之间采用高温烘烤抽真空的方法抽真空,减少传热系数;外玻璃管材料一般为硼硅玻璃,大部分会涂有一层增透膜,增加玻璃的透射率;内金属管外表面镀有选择性吸收膜层,增加金属管的吸收率,更多地吸收从外玻璃管透射进来的反射光,同时具有较低的发射率,减少辐射散热;真空维护结构采用蒸散型钡铝吸气剂或钡钛吸气剂,通过高频激活,将吸气剂材料沉积在玻璃管和不锈钢管壁上,吸附气体,维持外玻璃管与内金属管环形空间的真空度;玻璃-金属焊接主要采用热压封联合熔封连接,或采用可伐合金(可伐合金含镍29%、钴17%,是硬玻璃与铁基金属材料良好的封接合金,在 20~450 ℃范围内具有与硬玻璃相近的线膨胀系数,和相应的硬玻璃能进行有效封接匹配)进行封接;膨胀波纹管主要为弥补玻璃与金属胀差,减少内应力。真空集热管材料与规格见表 2-4。

表 2-4 真空集热管材料与规格

名　称	材　料	规格/mm
金属内管	316L、321 或 316Ti 不锈钢	长 4 060~4 800,外径 70~90,壁厚 2~6
玻璃外管	高硼硅玻璃 3.3 或 5.0 硼硅玻璃	>3 900,外径 115~145,壁厚 3
波纹管	316L 不锈钢	3~5 个波纹,外径 120,壁厚 0.2~0.3
封接金属	不锈钢或可伐材料	长 20~40,外径同玻璃管,壁厚 0.03~1
吸气剂	吸氢材料、锆、钒、铁合成	外径 10~15,高 3,个数约 100 个
遮光环	具有反射功能,镜面不锈钢	根据玻璃管与钢管间距设定,保护封接处

二、真空集热管的关键技术

1. 高温太阳能选择性吸收涂层

反射层是阻止高温工作时的红外辐射能量损失;减反层是利用光学干涉原理提高光线的透过率;吸收层是实现对太阳光能量更好地吸收;粘接层的目的是提高膜层与不锈钢管的附着力,同时解决高温热稳定性和制作成本问题。早期应用的高温涂层是 Mo、Mo-Al_2O_3 和 Al_2O_3 涂层,红外反射层采用 Mo,减反层采用 Al_2O_3 和 SiO_2,吸收层为多层组分渐变的 Mo-Al_2O_3 金属介质陶瓷。出现的问题是 Al_2O_3 和 SiO_2 射频溅射沉积,溅射速率慢,特别是 Mo-Al_2O_3 高温下部分氧原子和钼结合生成钼的氧化物,挥发后在玻璃罩上形成沉积,降低了玻璃管的透射率,吸收涂层的膜层结构如图 2-14 所示。

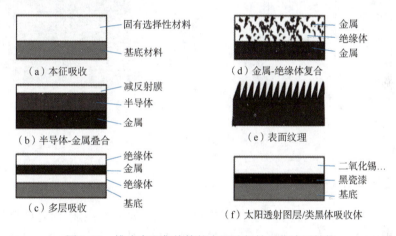

图 2-14 槽式真空集热管的太阳选择性吸收涂层结构

在金属内管外表面涂有选择性吸收膜层,要求具有高的吸收性能、低发射率。太阳能选择性吸收涂层是太阳能热发电系统中从光到热转化的重要材料,其光学性能和热稳定性影响了整个电站系统的发电效率及运行成本。理想的选择性吸收膜层对于波长为 300~2 500 nm 范围的太阳光谱,膜层可以几乎全部吸收太阳光,即吸收率接近 100%,而在红外区其吸收率几乎为零,即反射率接近 100%,膜层可以将金属内管自身发射的全部红外光谱反射回去,因此膜层几乎没有向外的任何热辐射。

2. 波纹管的设计与生产

用膨胀节波纹管来弥补金属与玻璃的胀差,减少内应力。金属和玻璃的熔封连接技术方面:金属管和玻璃之间的连接主要有胶连、密封圈连、热压封连和熔封连接等,从长期运行角度考虑,主要采用热压封连和熔封连接两种焊接方式。热压封连适合低于 200 ℃ 工作温度下的集热管,温度过高时会影响使用寿命。熔封连接利用火焰将玻璃熔化,将金属和玻璃封接在一起。通常采用氩弧焊方法完成,以保证焊接的密封性能和强度。

3. 高可靠的玻璃与金属封接技术

可靠的玻璃与金属封接技术可以确保玻璃外管与金属内管端口处有效密封,保持玻璃外管和金属内管间高真空,减小集热管热损。

玻璃与金属材料性质截然不同,不能直接焊接,目前有两种方法:①采用低膨胀系数的可伐金属与中性硼硅玻璃进行匹配封接;②将过渡的不锈钢接口制成刀片形状插入玻璃,通过金属柔韧性或变形降低由材料差异引起的封接应力,难度大效果好。玻璃-金属封接如图 2-15 所示。

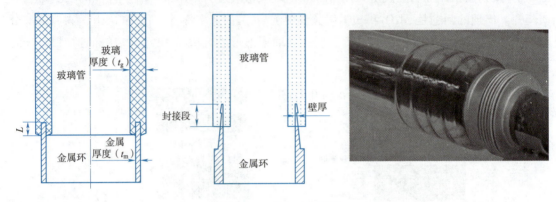

图 2-15 玻璃-金属封接

4. 真空的获得和维持技术

部分厂家采用高温烘烤抽真空的方法,获得集热管的高真空性能,同时采用蒸散型吸气剂方式,在管子制作完成后,通过高频激活,吸气材料沉积在玻璃管和不锈钢管壁上,用以吸附气体,吸气剂为钡铝吸气剂或钡钛吸气剂。世界真空集热管市场供货商有以色列 Solel、德国 Schott 和意大利阿基米德公司等。Siemens-Solel 公司的 UVAC 型和 PTR-70 型真空集热管的主要技术参数分别见表 2-5 和表 2-6。

表 2-5 Siemens-Solel 公司 UVAC 型真空集热管主要技术参数

部件名称	规范及数据	实 物 图
主要尺寸	20 ℃温度环境下,管长 4 060 mm	
吸热管	带有选择性涂层的不锈钢管外径 70 mm;吸收率≥96%;400 ℃工作温度下发射率≤9%	
玻璃管	带有防反射的硼硅玻璃罩管外径 115 mm;透射率≥96.5%	
热损失	400 ℃下小于 250 W/m;350 ℃下小于 175 W/m;300 ℃下小于 125 W/m	
真空度	设计条件下保持真空 25 年	

表 2-6　Siemens-Solel 公司 PTR-70 集热管主要技术参数

部件名称	规范及数据	实物图
主要尺寸	20 ℃温度环境下,管长 4 060 mm	
吸热管	外径 70 mm;ISO 标准下吸收率≥95.5%,ASTM 标准下吸收率≥96%;400 ℃工作温度下发射率≤9.5%	
玻璃管	采用硼硅玻璃;外径 125 mm;玻璃涂有抗反射镀膜;透射率≥96.5%	
热损失	400 ℃下小于 250 W/m;350 ℃下小于 175 W/m;300 ℃下小于 125 W/m	
真空度	小于 0.1 Pa、运行压力小于 4 MPa	

真空集热管在运行期限内,玻璃外管和金属内管间保持高真空,避免真空失效,若真空集热管玻璃管与金属管之间的真空失效,则意味着真空集热管的集热失效,处于报废状态,需要及时更换。真空集热管在生产测试合格之后,环形空间呈真空状态,但并非绝对真空,因此仍存在极少部分气体,真空集热管在运行期间环形空间气体会逐渐增多,气体主要有三大来源(见图 2-16),即出气——集热管自身材料随高温、时间逐渐放出气体;漏气——集热管在封接、焊接处从外界漏入空气;渗气——玻璃管渗透氦气、金属内管渗透氢气。一般来说,可以采用吸气剂吸收环形空间大部分气体来维持真空集热管内部的真空。

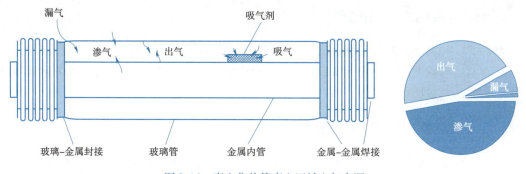

图 2-16　真空集热管真空区域空气来源

三、真空集热管基本性能要求

真空集热管市场需求量大,须确保性能和使用寿命。以欧洲第一座商业化槽式导热油太阳能光热发电站 Andasol 1 号为例,电站装机容量 50 MW,总储热容量 1 010 MW·h(可以满足汽轮机满负荷运行 7.5 h),集热管安装数量达 22 464 支。在如此大量使用的情况下,集热管的性能和寿命直接影响了整个槽式太阳能光热发电系统效率和运行经济性。

真空集热管的基本性能要求总的来说包含 5 个方面。

1. 具有较好的吸收率、发射率

好的吸收率和发射率表现为吸收率高而发射率低，这个性能要求主要表现在当聚集的太阳反射光到达真空集热管玻璃表面时能最大限度地透过玻璃管达到内金属管表面，达到金属管表面的太阳光又能最大限度地被金属管吸收转换为热能，如图 2-17 所示。

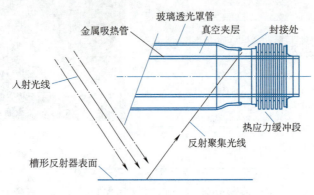

图 2-17　太阳反射光到达金属管的过程

2. 涂层耐高温性能好

在高强度聚光且局部高温情况下，真空集热管吸热涂层应具有耐高温、长寿命的性能，高温下不容易老化，性能衰减速度慢，这样才能最大限度地保持其使用寿命与电站寿命相一致。

3. 具有良好的耐冷热冲击性能

极寒天气下，真空集热管应具有耐冷热冲击性能，且能保持较高的真空度，这样才能保证在恶劣环境下玻璃外管不易破裂、透光率保持较高状态，具备较高的光热转化效率和更低的热量损失性能。

4. 具有抗严重风沙磨损能力

根据真空集热管在国内外的实际工作环境的经验表明，风沙是导致集热管的玻璃外管透过率衰减的最重要的因素，因此玻璃表面具有抗严重风沙磨损能力是确保其透光率的前提。

5. 波纹管具有良好的抗热疲劳性能

真空集热管在正常工作条件下的使用寿命为 25 年，相当于其波纹管的热疲劳测试至少要有 1 万次循环，因此波纹管的抗热疲劳性能也十分重要。

四、国内真空集热管典型规格型号

国内典型生产真空集热管产品的公司有常州龙腾光热科技股份有限公司、道荣新能源科技有限公司、北京天瑞星光热技术有限公司。

常州龙腾光热科技股份有限公司生产的 RTUVR 集热管具备卓越的光学效能和热稳定性,可保障光热电站全生命周期内更低的运维成本以及稳定、可靠的发电量输出。RTUVR 70M5 标准集热管的性能参数见表 2-7。

表 2-7　RTUVR 70M5 标准集热管的性能参数

项目名称	参数内容
长度	4 060 mm(在温度为 27 ℃条件下),有效工作长度>96.2%(在温度为 350 ℃条件下)
内金属管外径	70 mm/2.75 in
吸收率	≥96.2%
发射率	≤9.2%(在温度为 400 ℃条件下)
外玻璃管材料	高硼硅玻璃
外玻璃管外径	125 mm/4.9 in
透过率	≥96.3%
质量	26 kg(未填充传热介质)
结构特点	新一代玻璃减反射涂层　可靠的全自动玻璃金属封接技术　优化升级的吸收涂层　改进的集热管设计

注　1 in = 2.54 cm。

道荣新能源科技有限公司生产的蓝天高温集热管采用玻璃-金属封接在真空状态下的热管传递热量的管状太阳能集热器件,用于光热发电、农光互补、海水淡化、工业用热等多个领域。该真空集热管易清洁,可保持高透光率;高清强度,可承受 2 t 的拉力;具有高精度高可靠性的跟踪系统,热稳定性好,品质优良,高度模块化,安装灵活,主要技术参数达到国际先进水平,产品寿命长达 25 年。道荣新能源蓝天高温集热管性能参数见表 2-8。

表 2-8　道荣新能源蓝天高温集热管性能参数

项目名称	参数内容
长度	4 060 mm(在温度为 27 ℃条件下)
内金属管外径	70 mm
吸收率	≥95%
发射率	≤10%(在温度为 400 ℃条件下)
外玻璃管材料	高硼硅玻璃

续上表

项 目 名 称	参 数 内 容
外玻璃管外径	125 mm
透过率	≥96%
热损系数	≤235 W/m（在温度为400 ℃条件下）
结构特点	真空度较高,小于 5×10^{-3} Pa

北京天瑞星公司依托中国航天科技集团公司已在上述领域积累了大量先进技术,通过实施工艺研发专项,全面提升高温太阳能集热管的主要性能,在膜层均匀性和高温稳定性、长寿命、可靠性方面取得长足进展,增强了产品的竞争力。该公司的真空集热管相关参数见表2-9。

表2-9 北京天瑞星真空集热管性能

项目名称	70 系列		90 系列		100 系列
型号	TRX70s	TRX70	TRX90s	TRX90	TRX102
传热介质	熔融盐	导热油	熔融盐	导热油	DSG
集热管长度	室温 4 060 mm		室温 4 060 mm		室温 4 060 mm
平均发射率	≤9%（在温度为400 ℃条件下） ≤10.5%（在温度为550 ℃条件下）		≤9%（在温度为400 ℃条件下） ≤10.5%（在温度为550 ℃条件下）		≤9%（在温度为400 ℃条件下） ≤10.5%（在温度为550 ℃条件下）
平均吸收率	≥96%		≥96%		≥96%
平均透射率	≥96.2%		≥96.2%		≥96.2%
有效利用率	96.2%（在温度为350 ℃条件下）	96%（在温度为550 ℃条件下）	96.2%（在温度为350 ℃条件下）	96%（在温度为550 ℃条件下）	96%（在温度为550 ℃条件下）
结构特点	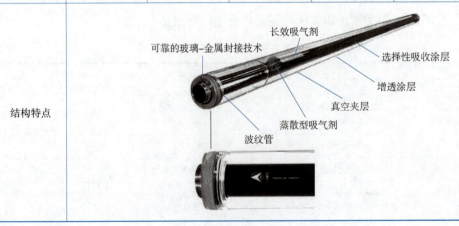				

五、真空集热管的测试

目前太阳能光热发电站的设计寿命一般为25年,有数据表明集热管失效一直是槽式光热发电站中存在的主要问题。20世纪80年代投入商业化运营的SEGS电站,其吸热管年失效率为3.4%~5.5%。

分析发现,集热管失效主要体现在玻璃管损坏、真空损失和膜层老化。根据吸热管失效的特点分析,主要集中在吸热管部件耐久性和结构可靠性两方面。因此真空集热管的测试可分为光热性能测试和耐久性测试两种。光热性能测试包括热损系数测试、光热效率测试、光学效率测试;耐久性测试包括真空性能与寿命预测、膜层高温老化性能测试、集热管热循环(热冲击)性能测试、机械疲劳性能测试。测试方法一般使用美国可再生能源实验室(NREL)测试标准,我国中科院电工所在2019年研制了一套测试方法,采用的是热平衡法,用2个电加热棒和4个辅助加热器及均温管加热方式,保证被测试集热管的均温性,8个热电偶测试金属内管壁面温度,3个热电偶测试玻璃外管温度,如图2-18所示。调节加热器功率保持稳定,测试得到玻璃外管散热功率,当散热功率达到稳定,即可推算出热损系数。该套测试方法的测试范围是导热油集热管200~400℃,长度为2~4.06m,金属内管内径>60mm。对于相同样管,其测试结果与采用NREL测试标准测试结果相差小于3.2%,在工程上误差小于5%则认为都是可行的。

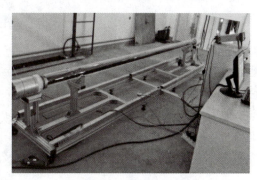

图2-18 中科院电工所热损系数测试系统

第四节 抛物面反射镜

槽式太阳能光热电站中的抛物面反射镜是抛物柱面反射镜,其作为槽式太阳能光热发电技术的关键设备之一,主要作用是将接收到的太阳入射光最大限度地反射到吸热管上。下面介绍抛物面反射镜的基本材料——超白玻璃、抛物面反射镜的结构及制作工艺流程。

一、超白玻璃

超白玻璃是抛物面反射镜的基本材料,铁含量<0.012%,透光率≥91.5%,具有晶莹剔透的水晶般品质。超白玻璃具有自爆率低的特点,由于超白玻璃原材料中含有的杂质较少,若在原料熔化过程中精细控制,可使超白玻璃相对普通玻璃具有更加均一的成分,其内部杂质更少,从而可大大降低钢化后自爆的概率。超白玻璃具有颜色一致性高的特点,由于原料中的含铁量仅为普通玻璃的1/10甚至更低,超白玻璃相对普通玻璃对可见光中的绿色波段吸收较少,确保了玻璃颜色的一致性。相对于普通玻璃,超白玻璃对紫外波段的吸收更低,可应用于

防紫外线的场所,如博物馆等地区,可有效降低紫外线的通过,减缓展柜内各种展品的褪色和老化,尤其对文物保护效果更加明显。从图 2-19 中可看到上面的超白玻璃表面及侧面的颜色都非常均匀一致,下面的普通玻璃肉眼看起来没有特别透明,且侧面呈绿色。应用于太阳能光热发电行业的超白玻璃应具备高透过性、高耐久性和低自爆率等特点。

图 2-19　超白玻璃与普通玻璃

抛物面反射镜的玻璃基片占据反射镜成本重要的一环,其最重要的参数是透光率,即允许更高的太阳能辐射通过玻璃基片到达反射涂层,其次是优良的物理性能,强度、韧性缺一不可。超白玻璃具有优秀的光学和物理性能,是反射镜理想的原材料,超白玻璃质量较大,因此反射镜的安装较为困难。

在光热电站中,反射镜中玻璃基层的厚度不能太大也不能太小,厚度太大会导致透光率降低,厚度越小透光率越高,但玻璃的强度和抗风载荷能力等较弱。一般槽式反射镜的玻璃厚度为 0.95~4 mm,塔式电站反射镜的玻璃厚度为 3~4 mm,菲涅尔电站中反射镜的玻璃厚度为 2~3 mm,碟式电站中反射镜的玻璃厚度为 0.95~3 mm。

二、抛物面反射镜的结构

抛物面反射镜主要由六层结构组成,如图 2-20 所示,各结构层名称由上往下依次为玻璃层、银层、铜层、底漆涂层、中漆涂层、白色面漆涂层。

图 2-20　抛物面反射镜结构

玻璃层的材料为超白玻璃,起到固定反射镜为抛物面面型的作用。银层的材料为银,用到了硝酸银镀银的工艺,起到反射光线的作用,银层对太阳光谱中大部分波段都有极高的反射率,因此成为最常见的反射材料。铜层和三层漆层都是为了保护反射涂层(即银层),增加反射镜的寿命和耐久性,铜层采用硫酸铜镀铜工艺,主要作用为保护银层不被氧化,又称抗氧化层;底漆材料为丙烯酸树脂,主要作用是耐腐蚀性,表现为耐化学保护;中漆材料为醇酸树脂,主要作用是耐机械外力;面漆材料为聚氨酯,主要作用为耐候、耐紫外线照射、耐外力刮擦等。另外,铜层除了保护银层不被氧化还能很好地与油漆层进行紧密黏合。

反射镜结构

反射镜每层结构的具体技术要求见表 2-10。

表 2-10 反射镜结构及要求

结构层	规格	作用
玻璃层	2.8~8 mm	固定层
银层	>1 600 mg/m²	反射层
铜层	>300 mg/m²	保护层
底漆涂层	>30 μm	防腐保护层
中漆涂层	>30 μm	
白色面漆涂层	>30 μm	

聚焦度大于 99.5%;反射度大于 92%;机械强度 69~90 MPa;抗风强度大于 120 km/h;使用寿命 25 年

我国适合建设光热电站的地区往往风沙侵袭较为严重,背漆的质量最为关键,可靠的背漆对我国光热电站开发更显重要,如图 2-21 所示。

图 2-21 抛物面反射镜背漆

玻璃本身为无机材料,拥有极长的使用寿命,而镀银层则很容易受到外在因素影响而导致反射功能失效,为此,需在反射镜背部再增加铜层和三层漆层作为保护层以保护反射镜不受损坏。反射层是反射镜得以高效反射阳光的根本,一旦反射镜的反射层镀银层受到损伤,将直接导致整面反射镜报废。油漆在反射镜的整体生产成本中占很小的份额,约占 5%,但其却是影响反射镜最为重要的部分,起到了"秤砣虽小压千斤"的作用。

反射镜与支架一般采用四个陶瓷块(内含嵌入金属螺母)硅胶粘接固定连接(见图2-22),每个支撑点都满足不小于 2 000 N 的垂直拉伸强度检测。

(a)反射镜与支架的连接　　　　　　(b)陶瓷块

图 2-22　反射镜、支架及陶瓷块

三、反射镜的清洗

在光热电站运行过程中,保持反射镜面的清洁对电站的发电量非常重要,因此,反射镜需要定期进行清洗。一个电站的反射镜面积一般可达几十万到几百万平方米,如此大面积的镜子如何清洗呢?目前,光热电站中镜面清洗工艺一般采用水投射、接触式及机器人自动化三种方式。

国际领先的反射镜清洗装置制造商 albatros 曾设计出一款槽式和塔式电站均适用的水投射式清洗车。这种清洗车较为传统,采用人工驾驶喷水清洗方案,如图2-23所示。相对而言,槽式镜的清洗难度要大些,需要控制好上下两把刷子的角度,此方法比较耗费水资源。此类清洗车车身自备水箱,清洗筛带远红外智能控制设备。

图 2-23　人工驾驶的水投射式清洗车

已经投运的中东地区规模最大的太阳能发电站阿联酋 SHAMS1 光热电站由于地处沙漠,镜面清洁的难度和工作量要远远大于常规环境中建设的光热电站。即便没有沙尘暴袭击,镜面的清洗频率也要频繁很多。SHAMS1 项目采用了接触式的、可以自动清洗的机器人(见

图 2-24),这大大削减了电站的运维成本,保证了电站的运转效率,这种方式对于国内一些地处风沙较大地区的光热项目来说具有一定的借鉴意义。

图 2-24　阿联酋 SHAMS1 光热电站采用的接触式反射镜自动清洗机器

在国际范围内,针对采用平面反射镜的塔式和菲涅尔电站来说,很多项目方选择采用小型自动清洗机器人进行清洗,这种小型机器人无须人工驾驶,可沿镜面自动运动进行清洗,位于西班牙装机 20 MW 的 Gemasolar 熔融盐塔式光热电站就采用了由 Sener 设计的小型机器人来清洗镜面。

需要注意的是,从场地可通行程度上讲,槽式光热电站在镜场回路建设时已经进行了较好的平整工作,便于机械化车辆进入,这也是其较塔式和菲涅尔突出的优势。但由于槽式光热电站系统的特殊结构,其反射镜与集热管为近距整体组装成型,所以清洗工作会受到一定影响,同时也可能由于清洗操作不当而增加镜面破损概率。

由于每个光热电站所在的项目地自然条件差异较大,因此镜面的清洗频率和方案要视电站自身和项目地情况而定。与自然环境较好、空气相对清洁的地区相比,我国首批光热示范项目所在地大多风沙问题较为突出,清洗频率更高,用水量更大,相应的镜面清洗成本也会增加。太阳场的性能直接取决于镜子的反射率水平,定期清洗镜场的镜面可以提高平均反射率,但同时也会增加维护成本,如所需的劳动力、设备、软化水。镜子的染污率受很多因素影响,其中最关键的因素包括时间、降雨频率、镜子离道路或其他空载微粒的远近、清洗方法和频率、距电站设备的远近。对于商业化电站多久以及如何清洗镜子才能使纯利润最大化,这需要对比分析清洗的费用和发电量的增益。

四、抛物面反射镜制作工艺

抛物面反射镜从玻璃基片到运输至电站现场使用需经历 8 个环节,分别是原片玻璃、磨边加工、弯曲钢化、型面检测、镀银加工、封边保护、粘陶瓷片、包装出厂。

原片超白玻璃首先被切割成合适的尺寸,磨边加工成 C 型边,4R 角圆滑,保护手处理,使用的切掰磨机床(见图 2-25)加工精度为 ±0.5 mm。

磨边之后超白玻璃进入洗涤机进行清洗(见图 2-26),洗涤机前增加盘刷或独立弱酸洗,提高玻璃原片的表面质量。

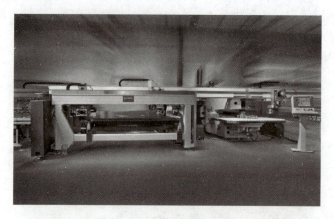

图 2-25 切掰磨机床

图 2-26 反射镜洗涤

洗涤之后的玻璃进入钢化炉(见图 2-27)内进行弯曲钢化,在钢化炉内高温使得超白玻璃融化呈熔融状态,然后经过钢化炉内被计算机精确控制的模具对其施加压力,不同的部位施加不同的压力,使玻璃受弯成抛物面面型,之后将玻璃迅速冷却成型。

图 2-27 弯曲钢化炉

例如，美国 GLASSTECH 公司钢化炉采用先进的玻璃弯曲成型钢化设备，其核心成型段无须模具，利用计算机控制柔性滚轮，使玻璃弯曲成所需抛物面弧度，同时急速冷却成型，冷却后拥有完美的弧形和强度。

抛物面面型制作好之后，需对其面型的精度进行检测，一般利用光学检测组合设备、机器人视像自动检测、偏折图像处理分析等技术检测抛物面面型的精度。如图 2-28 所示，通过计算机控制投影仪在白屏上投影正弦分布条纹，摄像机 CCD 采集反射的条纹图案，由于条纹图像受到待测镜表面形貌的调制，即面型信息包含在条纹变化量中，则可通过分析处理变形图像获取镜面在 X、Y 方向的斜率分布即三维形貌情况。

 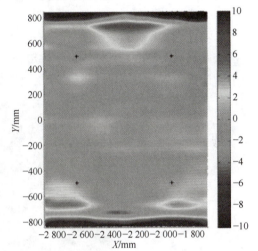

图 2-28　反射镜面型检测

槽式电站聚光集热系统的集热器单元组装之后，可在组装现场利用摄像机 CCD 拍摄集热器反射像的线性偏移数据，以验证集热器组装之后的聚光性能。图 2-29 所示为现场拍摄集热器反射图像情况，检测其聚光性能。

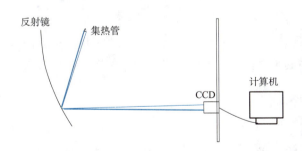 

图 2-29　集热器聚光性能在线检测

面型达到精度后的玻璃镜进入镀银、镀铜、喷漆工艺，这一工艺之后玻璃镜才能称为反射镜，目前国际上先进的制镜线可达 5 m/min 的线速，保证了制镜的质量、节约成本、提高效率。例如德国 Klopper 专业槽式制镜线（见图 2-30）有独特的抛光、清洗、镀银、镀铜、淋漆及抛光清洗工艺，保证了产品拥有更好的耐用性和功能性。

课件

抛物面反射镜制作流程

● 微课

抛物面反射镜制作流程

图 2-30　制镜工艺线

制镜完成之后对其边缘进行封边保护（见图 2-31），确保反射镜的反射层在电站运行过程中不被破坏和氧化，增强了反射镜的耐腐蚀性。

图 2-31　镜子封边工艺

五、抛物面反射镜的规格标准

自 20 世纪 80 年代美国加州建立起第一批商业化运营槽式光热电站至今，槽式光热发电技术已历经近 40 年，槽式集热技术一直处于发展之中。槽式集热技术的发展以反射镜板的设计发展为重要标识，从最初的 RP1 型到最新的 RP5 型，反射镜板的型号更迭折射着槽式光热发电集热技术的发展历程。

1. RP1 型抛物面反射镜

1984 年，这是光热发电迈向商业化开发的元年，也是在这一年，RP1 作为最早的槽式集热技术方案开始应用，RP1 的开口较小，宽度为 2 550 mm，焦距 700 mm，搭配相对较细的真空集热管，聚光倍数约 63 倍左右，集热温度可达 307 ℃，但由于其应用很少，并未在一个光热发电站中实现全部应用，其实际集热温度是否能满足发电要求不得而知。其集热系统由两片 1 570 mm × 1 400 mm（弧长）的反射镜组成，结构相对简单。很可能是由于其集热温度较低，这样的系统并未在市场上实现大批量应用，仅在 SEGS1 中试用了 42 600 片，在 SEGS2 电站中也有少量试用。图 2-32 所示为 RP1 型抛物面反射镜。

图 2-32　RP1 型抛物面反射镜

2. RP2 型抛物面反射镜

1985 年,RP2 作为第二代产品出现,RP2 的设计相对 RP1 更加复杂,开口宽度扩大了一倍,达到 5 000 mm,焦距 1 490 mm,开口和焦距的倍增使反射面板的数量也相应增加了一倍,由两片变成了四片,尺寸分别为内片 1 570 mm×1 400 mm(弧长)和外片 1 570 mm×1 324 mm(弧长),聚光倍数也达到 71 倍左右,集热温度可达 349 ℃,完全可以满足发电需求。采用 RP2 集热技术方案的电站相对较多,西班牙有两个 50 MW 电站,美国加州 SEGS3、SEGS4 两个电站、内华达州三个总装机 104 MW 的电站。同时其还在 SEGS2、SEGS5、SEGS6、SEGS7 等电站中有所应用。相对成熟的 RP2 第二代集热技术也在新技术的出现后,逐渐退出历史舞台。RP2 技术由于得到了小批量的应用,证明了这种设计的可靠性,对大槽的集热技术开发打下了基础。图 2-33 所示为 RP2 型抛物面反射镜。

图 2-33　RP2 型抛物面反射镜

3. RP3 型抛物面反射镜

1989 年,第三代反射面板设计 RP3 开始出现并投入应用,RP3 相对前面的几种设计得到了更大规模的应用,也可以说是到目前为止都最为成熟的槽式集热设计。RP3 集热系统的开口增大到了 5 770 mm,焦距也提高到了 1 710 mm,反面板的数量和 RP2 一样,但尺寸有很大程度地增加,变为了内片 1 700 mm×1 641 mm(弧长)和外片 1 700 mm×1 501 mm(弧长),反射面积的增大也使其聚光倍数增加到了 82 倍左右,集热温度可达 390 ℃,这种设计也更适合高温光热发电的应用,其累计使用面积超过 3 000 万 m^2,直到现在仍在进一步应用。图 2-34 所示为 RP3 型抛物面反射镜。

图 2-34　RP3 型抛物面反射镜

4. RP4 型抛物面反射镜

就在 RP3 广泛应用之时,2009 年,第四代产品 RP4 开始出现。图 2-35 所示为 RP4 型抛物面反射镜。反射镜开口宽度为 6 770 mm,焦距为 1 710 mm,聚光倍数为 96,由四片反射镜组成,内片和外片尺寸均为 1 570 mm×1 900 mm,RP4 的设计目的是适应熔融盐传热,增加了集热器宽度的同时也增加了长度,综合成本降低了 8%~10%。

图 2-35　RP4 型抛物面反射镜

5. RP5 型抛物面反射镜

2011 年,第五代集热技术也开始出现,这种槽有更大的开口,称为超级槽——UT 槽,开口达 7 512 mm,采用双焦距设计,内片焦距是 1 710 mm,外片焦距是 1 878 mm,中间间隔增大以增加抗风能力。同时增加了反射面板尺寸,变为了 2 030 mm×2 010 mm(弧长),内外片尺寸相同。这种集热设计使支架的成本也相应增加,主要是中间的间距增加造成了支架成本的上涨。2016 年初,首次在商业化项目上使用 UT 槽。图 2-36 所示为 RP5 型抛物面反射镜。

图 2-36 RP5 型抛物面反射镜

从第一代到第五代产品,集热器的设计越来越大,大槽技术的不断发展最终目的是提高集热温度,适应熔融盐等新型传热介质的应用。五代抛物面反射镜规格参数汇总见表 2-11。

微课

抛物面反射镜规格标准

表 2-11 RP1～RP5 型抛物面反射镜规格参数

型号	开口/mm	焦距/mm	聚光倍数	集热温度	反射镜(直边长度×弧长)
RP1	2 550	700	63	307 ℃	两片 1 570 mm×1 400 mm
RP2	5 000	1 490	71	349 ℃	四片:内片 1 570 mm×1 400 mm 外片 1 570 mm×1 324 mm
RP3	5 770	1 710	82	390 ℃	四片:内片 1 700 mm×1 641 mm 外片 1 700 mm×1 501 mm
RP4	6 770	1 710	96	—	四片均为 1 570 mm×1 900 mm
RP5	7 512	双焦距内片焦距 1 710, 外片焦距 1 878	96	—	四片均为 2 030 mm×2 010 mm

六、抛物面反射镜参数及测试

FLABEG 是一家德国的生产平面及抛物面玻璃镜的公司,成立于 1882 年,利用熔炉生产玻璃,1947 年实现自动化生产平板和真空玻璃,1953 年完成镜面镀膜生产线,1956 年生产曲面玻璃,1976 年开始开发太阳能反射镜,1983 年第一个太阳能抛物面反射镜开始生产,订单来自以色列,面板运往美国的 SEGS 太阳能槽式电站,2004 年在中国成立合资公司,2007 年全球分公司总数达到 11 家。FLABEG 产品型号及参数见表 2-12 和表 2-13。

表 2-12 抛物面反射镜玻璃参数

项 目	单 位	RP-2	RP-3	RP-4
内侧镜尺寸	mm	1 570×1 400	1 700×1 641	1 570×1 900
外侧镜尺寸	mm	1 570×1 324	1 700×1 501	1 570×1 900
内侧镜面积	m^2	2.2	2.79	2.98

续上表

项　　目	单　　位	RP-2	RP-3	RP-4
外侧镜面积	m²	2.08	2.55	2.98
开口尺寸(宽)	mm	4 908	5 657	6 618
4 mm 内侧镜玻璃重	kg	22	28	30
4 mm 外侧镜玻璃重	kg	21	25	30
镜反射率	ISO 9050	大于93.5%	大于93.5%	大于93.5%
低铁浮法玻璃	EN572-2	√	√	√
70 mm 聚焦度		大于99.7%	大于99.7%	大于99.5%
钢化玻璃		√	√	√
镜面抗冲击能力	J/cm²	25	25	25
耐沙尘性能	m/s	18	18	18
陶瓷柄拉伸强度	N	≥2 000	≥2 000	≥2 000

表 2-13　平面反射镜玻璃参数

项　　目	单　　位	FL-0.95	FL-1.5	FL-2.0	FL-3.0	FL-4.0
玻璃镜厚度	mm	0.95	1.5	2.0	3.0	4.0
镜宽	mm	1 651	1 651	1 651	2 540	2 540
镜长	mm	1 701	1 701	1 701	2 658	3 658
玻璃单重	lbs/ft²	0.49	0.77	1.03	1.54	2.06
	lbs/m²	5.27	8.29	11.08	16.57	22.17
镜反射率	ISO 9050	>95%	>94.5%	>95%	>95%	>95%
低铁浮法玻璃	EN572-2	√	√	√	√	√

根据制造厂介绍，玻璃镜的试验检测基本参照欧洲标准，主要为四项试验，根据 DIN EN ISO 6270~2 标准，抗恒定湿试验在湿热环境下放置 480 h；DIN EN ISO 9227 标准是抗中性盐雾试验，在湿盐雾条件下放置 480 h；DIN EN ISO 9227 标准是抗酸性盐雾试验，在酸性盐雾条件下放置 120 h；气候循环稳定性试验基本将试验产品放置在 +90 ℃ 温度下 4 h，快速降到 -40 ℃ 下 16 h，连续进行 10 次循环试验。

经测试，槽式集热器跟踪误差在 ±0.1° 范围内，如果焦距为 1.71 m，则确定光斑尺寸在 61 mm 范围内变动，根据光屏测定复合反射镜光的斑在最窄处的尺寸为 55 mm，两者误差均在 70 mm 范围内，最小裕度 9 mm，单边余量 4.5 mm 可留给反射镜安装误差。根据精确度要求，抛物面镜 1 500 个控制点反射的激光束至少 95.5% 的反射光应落入抛物柱面焦线上直径为 φ40 mm 范围内，99% 落入 φ60 mm 范围，99.95% 的反射光落入 φ70 mm 范围。虽然光斑在焦点处没有虚光，实际计算按照 98% 的捕集效率计，镜反射率 93%，真空集热管外罩管透过率91%,吸收率94%,则槽式集热器的峰值光学效率达到78%。说明采用复合抛物面镜的精确度能够达到设计和安装要求。玻璃反射面采用镀银层,每平方米的最小量为(0.71 ± 0.1) g/m^2,保护层再沉积一层铜保护层,铜保护层厚度大于0.3 g/m^2,外层有三层漆层进行防腐,最外一层为白色涂层,厚度分别为(35 ± 10) μm、(40 ± 10) μm 和(45 ± 10) μm,超白浮法玻璃厚度为(4 ± 0.2) mm,透过率大于92%,执行BSEN 572-1:2004标准。

第五节 传热介质导热油

一、导热油的成分与特性

槽式光热发电系统中最常用的传热介质为陶氏化学Dowtherm A 导热油,其成分为26.5%的联苯($C_{12}H_{10}$)和73.5%的二苯醚($C_{12}H_{10}O$)共晶化合物,具有低廉的价格、合适的温度上限、良好的导热率,可燃但不易燃烧的特点,物理特性见表2-14。

表2-14 Dowtherm A 导热油物理特性表

物 理 特 性	单 位	参 数 值
沸点(常压下)	℃	257.1
固相点	℃	12
闪点	℃	113
着火点	℃	118
自动燃点温度	℃	599
密度	kg/m^3	1 056
冻结时的收缩度	%	6.63
溶解时的膨胀度	%	7.1
熔解热	kJ/kg	98.2
空气中的表面张力	Dynes/cm(20 ℃/40 ℃/60 ℃)	$1.2 \times 10^{12}/0.64 \times 10^{12}/0.39 \times 10^{12}$
临界压力	0.1 MPa	31.34
临界温度	℃	497
临界比体积	L/kg	3.17
燃烧热值	kJ/kg	36 053
分子量	(avg.)	166

导热油工业应用已经超过60年,可用于液相或气相的换热或储热系统。使其十分适合用作热传导流体,相比矿物质油价格稍贵,但使用温度高,热稳定性好。工作区间一般在12~400 ℃,导热油的冷冻温度点为12 ℃,低于12 ℃,黏度将急速上升,流动比较困难,一般液相使用温度为15~400 ℃。较低的凝固点降低了导热油发生相变的危险,也能减少电站隔热保温和电伴热的投资;较高的温度上限使其能够基本满足光热电站热能转换效率;高温时压力很

低,保证了操作的安全性,增加了电站系统的可靠性,但在超过 400 ℃时性质不稳定,易发生裂解变质,寿命下降;高温状态下暴露在空气中遇明火易燃,因此不太适合用作储热介质。

因导热油高温遇空气会被氧化,遇明火易燃,因此导热油系统有一套安全运行系统,包括导热油箱和管路内任何时刻都应充满惰性气体,以防止导热油的高温氧化,光热电站系统中一定要确保管路系统密封性良好。此外,系统在初始注油时一是要用惰性气体充入管路排除空气,防止高温下导热油接触空气变质,保证使用寿命;二是要预热管路,消除管道内部水分,以免高温蒸发后形成管内高压带来隐患。

导热油在流动过程中为了避免局部过热,应保持合适的参数,如流速,合适的热流量和换热系数等。局部流速降低会使传热量增加,导热油系统在高温下运行时加热最低流速应高于 2 m/s,并控制在 2～4 m/s 的范围,同时经常对油品进行检测。槽式光热电站中并联的真空集热管,如果由于流量分配不均或是阻力变化,都可能引起局部管路超温等情况出现,所以最大使用温度一定不能超过 425 ℃,温度超过 400 ℃以上,导热油分解和失效的可能性就大。失效后的导热油要有回收方案,导热油失效后,可根据情况采取不同的处理方法,如果是轻微失效,油中少量带水的情况,可以现场采取再生措施,比较严重的失效需要返回制造厂处理,当失效是由化学污染引起的情况下,有的制造厂就不再进行回收处理,只能进行报废处理。

二、导热油的泄漏处理

普遍使用的联苯、联苯醚混合物类导热油最高工作温度为 393 ℃,接近在极限温度 400 ℃下工作,管道内导热油的蒸气压(绝对压力)为 9.4 bar[①] 左右,虽然导热油工作温度低于自燃点 599 ℃,但当泄漏发生时仍会引起火灾。当泄漏的导热油呈薄油膜状扩散时,导热油仍会在远低于其自燃点的温度下着火,泄漏的导热油在保温棉内扩散时会在保温棉内不断增加的接触表面积会加剧着火现象。

要避免导热油的泄漏可以从以下几点来采取对应措施:

第一,采用正确的接头,尽量使用焊接接头,仅在绝对需要的地方使用接头,尽量避免使用螺旋接头,因为已有带压缩装置的可弯曲的管接头作为替代。若必须螺旋接头,则尽量使用规格为 80 的公称管(壁厚有保证)且管径小于 1.5 in,螺纹必须清理干净,用溶剂清洗后涂上密封剂,法兰接头是最优、最可行的方案。

第二,筛选合适的法兰及垫片,ASME/ANSI Class 300 凸面法兰适合 CSP 系统,其具有耐 400 ℃高温,机械强度高,耐高蒸气压,耐热循环阀座应力等特点。法兰接头垫片使用充填石墨的缠绕式垫片,不推荐使用金属强化的石墨板垫片,但也有成功应用的案例——注意它不能被压缩,Dowtherm A 导热油很有可能使石墨板"剥落",充填云母的缠绕式垫片也有使用。

第三,减少阀件的泄漏,波纹管密封并配有耐高温石墨填料的阀门最好,但昂贵的价格限制其广泛使用,带填料密封的闸阀、球阀及抬杆式球阀,使用合适的阀杆密封材料,如可变形的石墨材料,其对填料压紧环施加活动负载,当阀杆有磨损时,确保填料仍压紧阀杆。填有石墨的波纹管,当重新充填密封不能解决问题时,可以使用环氧树脂作为泄漏修补的最后手段,可

---

① 1 bar = 0.1 MPa。

一次性地在线止漏。

第四，使用恰当的绝热材料，易泄漏处采用局部封闭式绝热隔离，闭环内采用耐火的泡沫玻璃棉或其他耐火材质，闭环外采用普通隔热材料如矿物棉或玻璃纤维。

第五，选用最有效的泵及密封系统，使用离心泵时应采用标准密封或筒式金属波纹管密封，设计、安装及运行中需注意消除振动、精确对中、避免过热及颗粒污染；有的单级机械密封不需冷却，但价格昂贵，双级机械密封一般使用同一种导热油作为隔离液。若采用屏蔽泵，具有价格昂贵，维修保养成本高，对振动、颗粒、气蚀过敏，无泄漏困扰，故障间隔超长等特点。

课件
传热介质导热油

微课
传热介质导热油

第六，科学的回路形态设计及正确的膨胀接头材质，导热油管路设计尽量考虑U形弯或U形回路，波形膨胀节材质尽量不要使用奥氏体不锈钢，建议使用铬镍铁600合金或蒙乃尔400合金材料。总的来说，正确的系统设计、材质选择及设备选型，加上定期的系统维护，可确保泄漏降至最低。

第六节　太阳能槽式锅炉系统

太阳能槽式和菲涅耳式聚光集热系统收集到的光能转化为热能之后，除了发电之外还可以进行热利用，建立太阳能锅炉系统。

一、太阳能锅炉原理

太阳能锅炉系统是通过槽式（菲涅耳式）太阳能集热器收集太阳能，加热介质（导热油）并对外输送热能的太阳能热利用系统，根据系统最终提供的热源物质可分为太阳能导热油锅炉系统、太阳能蒸汽锅炉系统、太阳能热水锅炉系统。

太阳能导热油锅炉（见图2-37）主要应用在食品加工、化工、橡胶、电子元件、木材加工等需要高温导热油作为热源的行业，适用范围使用温度≤300 ℃。

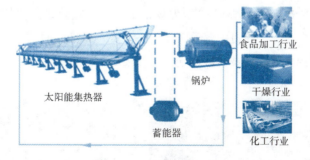

图2-37　太阳能导热油锅炉

太阳能蒸汽锅炉（见图2-38）是利用槽式（菲涅耳式）太阳能集热器收集太阳能量加热传热介质，被加热的介质在蒸汽发生器内热交换将水加热产生蒸汽的太阳能锅炉系统，主要由太阳能集热器、导热油炉、蒸汽发生器等部件组成。在食品饮料、化工、制药、木材加工、橡胶制品、印染、建材、涂装、医疗等领域均适用。

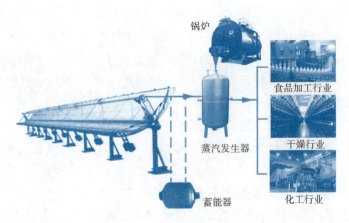

图 2-38 太阳能蒸汽锅炉

太阳能热水锅炉(见图 2-39)利用太阳能制取热水。主要应用在采暖、印染、食品加工等行业。

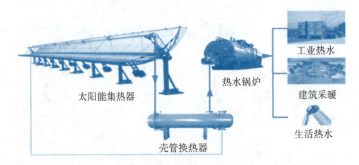

图 2-39 太阳能热水锅炉

二、太阳能锅炉示范工程

图 2-40 所示为奇威特太阳能蒸汽锅炉系统,奇威特公司建立的天津保洁工业有限公司太阳能蒸汽锅炉工程,位于天津西青区,是国内规模最大的商业化槽式太阳能工业蒸汽应用项目,于 2016 年 2 月正式运行。项目中蒸汽产量为 1.6 t/h,集热器面积 2 250 m^2。系统集成及施工单位为山东奇威特太阳能科技有限公司,是专业从事新能源产品研发、生产、销售、服务的高科技企业。

图 2-40 奇威特太阳能蒸汽锅炉系统实景

天津的年平均气温约 14 ℃,7 月最热,月平均温度 28 ℃;历史最高温度 41.6 ℃,1 月最冷,月平均温度 -2 ℃,历史最低温度 -17.8 ℃,太阳能资源丰富区,日照小时数 2 612.7 h。太阳能锅炉系统安装在地面上,与原燃气蒸汽锅炉耦合使用。当地燃气价格为 3.55 元/Nm^3,电价 1.5 元/(kW·h)。设计使用奇威特太阳能锅炉系统制取蒸汽,减少燃气消耗量,降低运行费用。太阳能热量使用温度在 170~180 ℃ 范围内。系统制取的蒸汽服务于日化产品的生产工艺,蒸汽产量为 1.5 t/h,工作压力为 0.5 MPa。全年负荷中夏季负荷为 1~2 t/h,冬季负荷为 3~4 t/h。蒸汽制取系统压力在 5~6 bar 范围内,实际使用蒸汽压力 3.5 bar。主要设备有槽式集热器、蒸汽发生器、传热介质循环系统、蒸汽输送系统、补水系统、控制系统等。集热器的标准为 2.5 m×2.86 m,导热油型号为 SD-350 号,确定选用 6 t 的燃气蒸汽锅炉作为辅助设备。每年节约煤炭数量 407 t,CO_2 排放量减少 1 006 t,SO_2 排放量减少 8 t,粉尘排放量减少 4 t。

太阳能锅炉系统也可采用线性菲涅尔系统,全球首个工厂屋顶式太阳能中高温工业蒸汽系统(见图 2-41)于 2011 年 5 月在山东德州中国太阳谷试机成功,该系统采用最新研发的线性菲涅尔反射(Linear Fresnel Reflector)聚光集热技术,可提供 100~250 ℃ 的工业用热,可替代纺织印染、食品加工、医药、化工等行业的燃煤、燃油、燃气锅炉,实现工业节能。聚光集热器自动跟踪太阳并收集太阳能,从而产生高温高压蒸汽,提供工业用热,系统可以安装在厂房顶部,不额外占用土地资源,同时投资和运行成本较低。

图 2-41 线性菲涅尔屋顶蒸汽系统实景

三、太阳能蒸汽锅炉设计实例

工程概况:在辽宁地区建造一太阳能工业蒸汽锅炉,工业车间每天用蒸汽时间为 10 h,蒸汽产量为 1.5 t/h,温度为 160 ℃,压力为 0.4 MPa,光热转换综合效率经测定估计为 80%,换热器换热效率为95%。设计此太阳能蒸汽锅炉。

分析:该太阳能蒸汽锅炉拟采用抛物面反射镜收集太阳能辐射能量。辽宁地区太阳能DNI值取1 800 kW·h/(m^2·a),年平均日照时数为7 h。

1. DNI 单位换算

将已知的 DNI 单位换算为焦耳如下:

$$\frac{1\ 800 \times 3\ 600}{365 \times 7} = 2\ 536.2 [kJ/(m^2 \cdot h)]$$

2. 系统所需热负荷计算

太阳能蒸汽锅炉系统能量流向分析如图2-42 所示。

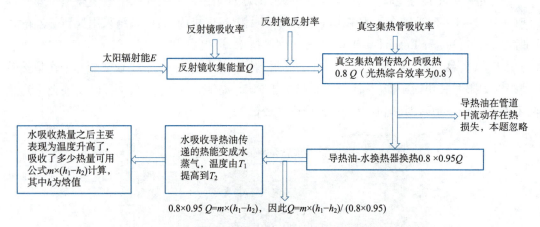

图 2-42　太阳能蒸汽锅炉系统能量流向

在能量转化过程中,考虑反射镜的吸收率、反射率、真空集热管的吸收率等之后,即为光转化为热的综合效率80%。因此系统每产生1 h 蒸汽所需热负荷计算公式如下:

$$Q = \frac{m(h_1 - h_2)}{\eta_1 \times \eta_2} = \frac{1\ 500 \times (2\ 767.4 - 84)}{80\% \times 95\%} = 5.3 \times 10^6 (kJ/h)$$

式中　Q——抛物面反射镜需收集的光能,kJ/h;

m——蒸汽质量流量,1 500 kg/h;

h_1——160 ℃/0.4 MPa 过热蒸汽焓值,2 767.4 kJ/kg;

h_2——冷水温度取20 ℃的焓值,84 kJ/kg;

η_1——光热转换综合效率,80%;

η_2——换热器的换热效率,95%。

3. 反射镜面积计算

系统每天生产蒸汽10 h 所需用的能量,即所有反射镜面积每天所需要接收的辐射能 E = $10 \times Q = 5.3 \times 10^7$ kJ。

则反射镜面积计算为(式中分母部分表示 1 m^2 的反射镜每天能接收到的辐射能量)

$$A = \frac{E}{\text{DNI} \times S_y} = \frac{5.3 \times 10^7}{2\ 536.2 \times 7} = 2\ 986\ (\text{m}^2)$$

式中 A——反射镜总面积,m^2;

E——蒸汽系统每天生产蒸汽 10 h 所需总能量,kJ;

DNI——当地太阳直射辐射,2 356.2 $\text{kJ}/(\text{m}^2 \cdot \text{h})$;

S_y——当地年平均日照时数,h。

4. 真空集热管设计

本工程集热镜场设备均采用成都禅德工业蒸汽用的规格,反射镜开口选用 3 000 mm,真空集热管管径选用 60 mm,长度为 2 000 mm,选用的集热器单元(SCE)参数见表 2-15。

表 2-15 集热器单元(SCE)参数

参 数 名 称	光 热 发 电	工 业 蒸 汽
SCE 单元开口宽度	5 770 mm	3 000 mm
SCE 单元长度	12 m	6 m
SCE 光学效率	≥77%	≥77%
抛物线焦距	1 710 mm	950 mm
拦截因子	≥96.5%	≥96.5%
钢结构主要材料	Q235B	Q235B
钢结构表面处理方式	热镀锌	热镀锌
使用寿命	≥25 年	≥25 年
集热管	3 支	3 支
反射镜	28 片	8 片

选用的集热器组合(SCA)参数见表 2-16。

表 2-16 集热器组合(SCA)参数

参 数 名 称	单 位	光 热 发 电	工 业 蒸 汽
总体长度	m	150	50
有效集热面积	m^2	817.5	134.8
SCE 数量	套	12	8
支撑立柱	套	12	8
驱动立柱	套	1	1
驱动系统	套	1	1
就地控制系统(LOC)	套	1	1
金属软管	条	2	2
最大工作风速	m/s	14	14
极限风速	m/s	33	33
工作环境温度范围	℃	−25 ~ +50	−25 ~ +50
跟踪范围	°	−30 ~ +180	−30 ~ +180

由表 2-16 可知,一个集热器组合的有效面积为 134.8 m², 则该系统需要 SCA 数量 $N = 2\,986/134.8 = 23$;由于一个集热回路一般由 4 个 SCA 组成,因此取 SCA 数量为 24 组,根据 SCA 数据参数可知一个集热器组合由 8 个 SCE 组成,每个 SCE 长度为 6 m,即 3 根真空集热管组成,由此可知,该系统需要集热器数量为 $n = 24 \times 8 \times 3 = 576$ 根。

5. 导热油质量流量计算

导热油在管内的流速基本是 2~4 m/s,考虑的原则是要求整体镜场内导热油的雷诺数要大于 2 万,因为在雷诺数达到 2 万的条件下传热介质才能在管道内形成湍流,均匀地吸收热量,尤其是集热管中导热油要形成湍流,不能形成层流,形成层流则有可能导致导热油超温、有些导热油会达不到设计温度。通过计算,导热油在真空集热管内的流速基本在 2~4 m/s。离泵比较近的地方会选取比较高的流速、远端阻力较大时会适当放低管径,选择 2 m/s 左右的流速。本设计中导热油流速 v 取 3 m/s。真空集热管管径 D 为 60 mm,导热油的密度经查表为 878 kg/m³。则导热油流量估算为:

$$Q = \frac{\pi}{4} \times D^2 \times v \times \rho = 0.785 \times 0.06^2 \times 3 \times 879 = 7.45\,(\text{kg/s})$$

课件

太阳能槽式锅炉系统

6. 太阳能蒸汽锅炉成本分析

经厂家询价找出单位面积反射镜成本,元/m²,则反射镜总价为总面积×单价;每吨导热油的价格单位为元/t,则导热油总价为总质量×单价;选用一厂家某型号的真空集热管,单价为元/根,计算本锅炉系统需要的真空集热管数量,则真空集热管总价为总数×每根集热管单价。其他设备成本主要包括换热器、管道系统、泵、储罐等设备。

7. 太阳能蒸汽系统流程图

本系统运行流程示意图如图 2-43 所示。

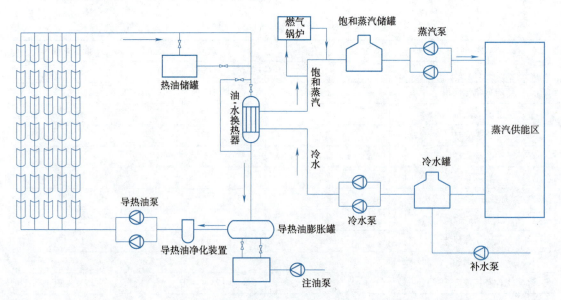

图 2-43　太阳能蒸汽系统流程图

思 考 题

1. 槽式太阳能光热发电系统有哪些特点？由哪几部分组成？各组成部分起到了哪些作用？
2. 槽式发电方式的两大技术难点是什么？
3. 槽式电站中的真空集热管的结构是什么？哪些地方有涂层，涂层的作用各是什么？
4. 真空集热管的失效表现在哪些方面？
5. 真空集热管要在光热电站中使用，需要保证的基本性能要求有哪些？
6. 超白浮法玻璃的特点有哪些？
7. 抛物面发射镜的结构层名称和其对应的作用是什么？
8. 抛物面反射镜的制作工艺流程是什么？
9. 槽式光热电站使用较多的传热介质是什么？具有什么特性？
10. 抛物面反射镜经历了哪几代的发展？使用最广泛的是哪一代产品？
11. 查资料介绍一到两个国内外的槽式电站（教材中介绍的除外）。
12. 在湖南地区某大型学校拟建造一槽式太阳能蒸汽锅炉为食堂提供蒸汽，食堂每天用蒸汽时长为 5 h，传热介质为导热油，蒸汽产量为 0.5 t/h，温度为 150 ℃ 的饱和蒸汽，光热转换综合效率经测定估计为 60%，换热器换热效率为 80%。在水-油换热器中导热油的进口温度为 280 ℃，出口温度为 170 ℃，水的进口温度为 20 ℃，饱和蒸汽出口温度为 150 ℃。湖南地区太阳能 DNI 值取 1 500 kW·h/(m^2·a)，年平均日照时数为 4.5 h，如该蒸汽系统太阳能承担 50%，请计算需要多少面积反射镜、传热介质用量，并简要绘制该系统运行流程图。

注:20 ℃ 时水的焓值为 42.1 kJ/kg，150 ℃ 的饱和蒸汽焓值为 2 745.3 kJ/kg；280 ℃ 时导热油焓值为 514.3 kJ/kg、170 ℃ 时导热油焓值为 280.5 kJ/kg。

试解决以下问题：

(1) 太阳能蒸汽系统反射镜面积及真空集热管计算；
(2) 导热油流量计算。

第三章 塔式光热发电技术

导读

首航高科敦煌 100 MW 熔融盐塔式电站为建党 100 周年献上"最大"祝福

2021 年 6 月,在敦煌光电产业园区 8 km² 的熔融盐塔式光热电站,由数千面定日镜拼组出的"热烈庆祝中国共产党成立 100 周年""中国共产党万岁"以及党徽等大型字幕和图案,在阳光照射下金光灿灿、熠熠生辉、蔚为壮观。

作为国家第一批、也是第一个并网发电的光热示范项目,首航高科敦煌 100 MW 熔融盐塔式光热电站近期达到运行最佳状态,单日发电量突破 172 万 kW·h,创投运以来日发电量新高。"七一"临近,电站员工按捺不住激动喜悦的心情,在瀚海戈壁上用"最大"的祝福向建党 100 周年献礼。首航高科能源技术股份有限公司副董事长黄文博说:"在中国共产党成立 100 周年之际,首航高科敦煌光热电站全体员工心潮澎湃,就像万面镜子聚焦核心产生光和热一样。我们一心向党,不分昼夜地提供清洁能源,要为我国实现碳达峰、碳中和目标,推进我国生态文明建设做出应有的贡献。为此,我们通过智能化编程,调动占地约 800 公顷的镜场,送上全体员工最大最衷心的祝福!"

首航高科敦煌 100 MW 熔融盐塔式光热电站于 2018 年 12 月 28 日并网发电,镜场光反射面积 140 万 m²,吸热塔高 260 m,是目前我国乃至亚洲装机容量最大的光热电站,设计年发电量 3.9 亿 kW·h,与火力发电相比减排 CO_2 35 万 t,相当于 1 万亩森林的环保效益。该电站并网两年多来,整体运行日趋成熟,发电量以 50% 以上的速度逐年递增。首航高科敦煌 100 MW 光热电站总经理刘福国说:"我们 2019 年的发电量是 8 000 多万千瓦时,2020 年的发电量是 1.3 亿 kW·h,我们今年年底的目标值是 2 亿 kW·h 的发电量。"

——摘自 CSPPLAZA 网

知识目标

1. 掌握塔式光热发电系统的组成、特点、关键设备;
2. 掌握塔式电站吸热器与定日镜结构与材料组成;
3. 掌握定日镜大与小各自的优缺点;
4. 掌握塔式发电系统常用传热储热介质熔融盐的组成与特性;
5. 了解一些国内外典型的塔式光热电站技术参数;

第三章 塔式光热发电技术

6. 掌握光热电站年发电量的估算方法；
7. 掌握塔式电站镜场面积与布置范围估算方法；
8. 掌握光热电站储热系统的设计计算方法。

能力目标

1. 能够精确描述塔式电站关键设备及结构特点；
2. 具备分析定日镜大小优缺点的能力；
3. 能够查阅文献资料找到国内外一些已建光热塔式电站；
4. 具备估算光热电站年发电量的能力；
5. 能够熟练计算出光热电站镜场面积和储热量、熔融盐用量等。

素质目标

1. 学习光热行业人士爱国爱党、为清洁电力为环境保护做贡献的精神；
2. 培养欣赏和热爱伟大工程之美的能力；
3. 多学专业知识、专业技能，增强本领，成为光热电站中少有可替代的"吸热器材料"人才。

我国在2016年发布的第一批示范项目名单中有9个采用塔式光热发电技术路线，目前塔式光热发电技术也受到世界各国的重视，主要采用熔融盐储热技术，其规模更大，集热温度更高。与槽式光热电站不同，塔式光热电站的集热场主要利用数十万甚至数百万个定日镜进行追日，将太阳辐射光反射并积聚到吸热塔顶部的吸热器中，加热工质，达到聚光和转换成热能的目的。本章主要介绍塔式电站组成与特点、典型塔式电站、塔式电站吸热器与定日镜、塔式电站常用传储热介质熔融盐、塔式电站年发电量估算、电站镜场面积估算、储热系统设计计算等。

第一节 塔式电站组成与特点

一、塔式电站基本组成与原理

典型的以熔融盐（60% $NaNO_3$ +40% KNO_3）为传热工质的塔式电站系统示意图如图3-1所示。

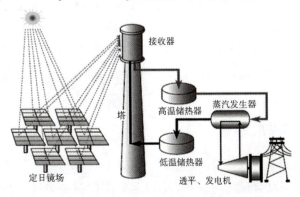

图3-1 塔式电站系统图

塔式电站基本由三大子系统组成,分别为聚光集热系统,主要设备为定日镜和接收器(吸收器);传储热系统主要为双熔融盐储罐和换热设备;热-功-电转化系统,主要是熔融盐-水/蒸汽换热器(蒸汽发生器)和汽轮机组。塔式电站常用的传热介质和储热介质均为二元熔融盐,其成分为60% $NaNO_3$ + 40% KNO_3;工作温度范围290~565 ℃;塔式电站运行原理可描述为定日镜将接收到的太阳光反射到塔顶吸热器(接收器),吸热器吸收太阳能辐射转化为热能,加热吸热器管内熔融盐,通过熔融盐-水/蒸气换热器产生高温高压过热蒸汽,推动汽轮机发电。

二、塔式电站特点

太阳能塔式光热发电系统自身具有鲜明的特点,与槽式光热电站相比较,在太阳聚焦后的光热转换过程中,槽式光热电站是分散形式,而塔式则采取集中聚焦的光热转换形式。塔式光热发电站的主要优势在于它的工作温度较高(可达800~1 000 ℃),聚光比200~1 000,使其年度发电效率可以达到17%~20%,并且由于管路循环系统较槽式光热电站简单得多,提高效率和降低成本的潜力都比较大;塔式太阳能光热发电站采用湿冷却的用水量也略少于槽式光热电站,若采用干式冷却,其对性能和运行成本的影响也较低;塔式光热发电系统中,为了将阳光准确汇聚到集热塔顶的接收器上,每一台定日镜都单独做了双轴跟踪系统进行控制,而槽式光热电站的单轴追踪系统在结构上和控制上都要简单得多。

从技术特点分析,塔式系统可以进行规模化建设,可根据太阳辐射条件,确定最大效率和最佳经济性的太阳能塔式聚焦模块,然后采用串联和并联的方法,通过组合得到大规模的发电单机出力;其次,提高聚焦比后,可以提高介质温度和压力参数,使系统效率进一步提高;另外,通过蓄热也可增加每日的发电小时数,达到每天连续发电的目的,使机组发电出力更加适应电网需求的负荷模型。塔式系统热发电形式很多,能形成主流得到大规模应用主要是因为它具有如下关键特点。

1. 太阳能聚光系统和光-热转换系统要形成模块

实际上槽式光热电站的一个回路即为一个模块,由于槽式光热电站聚光比小,小流量的导热介质在集热管内流动吸热使温度上升,若干回路并联后得到大流量的工作介质,而塔式系统的吸热单元介质流量很大,通过高聚焦比的镜场,得到很高能流密度的辐射热。由于各种原因,即使采用再大的聚焦比,单元介质流量和光-热转换之间有一个最佳值。系统最佳值和当地太阳辐射条件、当地经纬度、当地环境和镜场条件等有关。塔式规模化方法有两种,一种是采用固定容量的单元模块形式,多塔组合,形成更大容量的塔式系统,以达到更高输出效率;另一种是增大单塔的容量。

2. 发电介质的工作参数要高

工作介质参数越高,系统效率越高。国际上根据不同示范项目,对不同的温度进行了各种试验和示范项目的考验,结合试验项目和人们已经掌握的耐高温材料性质,可得出以上结论,并认为太阳能光热发电过程中的温度参数的使用可参考常规火电机组已经采用的参数值。

3. 系统要有蓄热

这和槽式光热电站具有同样的结论,蓄热容量要达到额定机组出力 7 h 以上的热量,夜晚低负荷运行条件下,春、秋和夏季情况能连续运行。蓄热上限没有限制,但蓄热量越大,蓄热设备的制作成本越高,冬季和夏季蓄热和发电的偏差就越大,最大蓄热小时数的确定,全年至少 10 个月的正常太阳能辐射条件下能做到机组 24 h 连续发电。但水作为蓄热介质,其蓄热量将很难提高,一般水的合理蓄热量约 1 h,而采用熔融盐作为蓄热介质,理论上其蓄热量不受条件限制。

三、塔式电站关键设备

定日镜是塔式电站关键设备之一,其由反射镜、控制系统、支架、跟踪传动系统四部分组成,如图 3-2 所示。一台定日镜的反射镜面通常由若干块小的反射镜面组合而成,而每一块小反射镜的镜面都是具有 16′ 微小弧度的平凹面镜。

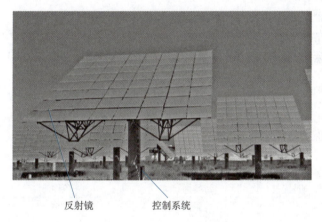

图 3-2　定日镜组成

接收器(吸收器、太阳锅炉)位于塔式电站镜场中央高塔的顶端,它是塔式电站将太阳能转化为传热工质熔融盐热能的关键部件。接收器的吸热面由多块管板连接而成,每块管板结构类似锅炉水冷壁,都由上下联箱以及联箱中间的吸热钢管组成。

第二节　典型塔式电站

下面介绍国内外一些典型塔式电站,对塔式光热电站的一些基本参数和运行情况进行了解。

一、Gemasolar 电站

全球首个大规模塔式熔融盐电站,首个号称实现 24 h 持续发电的光热电站,在 2013 年夏天,该电站实现连续 36 天无间断日 24 h 持续运行的记录。Gemasolar 光热电站装机 19.9 MW,年发电量 1.1 亿 kW·h,年运行小时数达 6 450 h;太阳岛覆盖面积 195 公顷,单个定日镜

120 m^2，共计 2 650 套；电站年发电量近 110 GW·h，能满足 2.5 万户居民的用电需求，年减排 CO_2 可达 3 万 t。塔式电站塔顶接收器如图 3-3 所示。Gemasolar 电站基本参数见表 3-1。

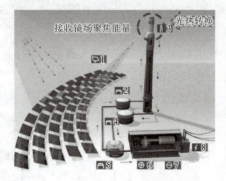

图 3-3　塔式电站塔顶接收器

1—定日镜；2—低温熔融盐灌；3—接收器；4—高温熔融盐罐；
5—蒸汽发生器；6—汽轮机；7—发电机；8—电网

表 3-1　Gemasolar 电站基本参数

项 目 名 称	参 数 内 容	项 目 名 称	参 数 内 容
电站名称	Gemasolar	技术路线	熔融盐传热储热塔式技术
反射镜供应商	Guardian	开发商	Torresol 能源公司（Sener 60% + masdar 40%）
定日镜设计	Sener	当地 DNI	2 172 kW·h/(m^2·a)
采光面积	总计 304 750 m^2	动工时间	2009 年 2 月
集热塔高度	140 m	竣工时间	2011 年 5 月
总投资	2.3 亿欧元	正式投运	2011 年 10 月
汽轮机	Siemens SST600	占地面积	195 hm^2
蒸汽发生器	Foster Wheeler	容量因子	75%
电伴热	AKO	储热时长	15 h
熔融盐泵	Sulzer；Ensival moret	项目所在地	西班牙塞维利亚
PPA	27 欧分/(kW·h)	辅助燃料	15% 天然气

FIDIC 认为 Gemasolar 光热电站是过去一百年来全球最佳的工程项目之一，FIDIC 授予 Gemasolar 光热电站百年工程项目大奖。国际咨询工程师联合会（International Federation of Consulting Engineers）于 1913 年由欧洲 5 国独立的咨询工程师协会在比利时根特成立。FIDIC 是国际上最有权威的被世界银行认可的咨询工程师组织。FIDIC 制定的有关工程建设项目管理合同条款等文献，已被联合国、世界银行和亚洲开发银行等普遍承认并广泛采用，著名的 FIDIC 条款已为各国工程咨询界共同遵守。Gemasolar 光热电站全貌如图 3-4 所示。

二、Crescent Dunes 新月沙丘塔式电站

Crescent Dunes 新月沙丘塔式电站装机容量 110 MW 的熔融盐塔式电站，储热 10 h。从 2011 年 9 月开工建设，2015 年 10 月，该项目首次实现并网试运行，经过一系列检测调整后，电站于 2016 年 2 月正式并网运行，新月沙丘电站经历了长达 4 年半的建设调试期。这其中包括 3 年多

的项目建设期和近一年的调试运行期。首次在百兆瓦级规模上成功验证了塔式熔融盐技术的可行性,而成为光热发电发展史上重要的里程碑。在最高峰时,同时拥有超过 1 000 名工人参与项目建设。电站共计安装 10 347 台定日镜,单台定日镜的采光面积约 115.7 m^2,宽约 37 英尺(1 英尺 =30.48 cm),高 34 英尺,重 8 500 磅(1 磅 =0.454 kg),总采光面积约 120 万 m^2,反射镜由 Flabeg 供货。

图 3-4　Gemasolar 光热电站全貌

新月沙丘塔式电站储热系统的储热量为 1 100 MW·h,最多可满足 10 h 的连续无辐照运行。储热罐 40 英尺高(约 12 m)、直径 140 英尺(约 43 m)。冷罐由碳钢制成,热罐由不锈钢制成,单个罐子可容纳熔融盐 7 000 万磅(约 31 751 t)。电站集热塔高约 164 m(不含吸热器高度,加上吸热器,总高度约 195 m),集热塔由德国 BEROA 公司承建。Crescent Dunes 新月沙丘塔式电站全貌如图 3-5 所示,吸热塔周围设备如图 3-6 所示,新月沙丘电站融盐罐如图 3-7 所示,新月沙丘电站基本参数见表 3-2。

图 3-5　Crescent Dunes 新月沙丘塔式电站全貌　　　图 3-6　吸热塔周围设备

图 3-7　新月沙丘电站熔融盐罐

表 3-2 新月沙丘电站基本参数

项目名称	参数内容
开发商	SolarReserve
技术路线	熔融盐塔式
地理位置	内华达州托诺帕
太阳能辐照	$2\,685\ kW\cdot h/(m^2\cdot a)$
设计装机	110 MW
单套定日镜系统面积	$115.7\ m^2$
定日镜数目	10 347
定日镜厂商	Flabeg
总采光面积	$1\,071\,361\ m^2$
传热介质	熔融盐
集热塔高	195 m
储热系统	10 h 双罐储热
蒸汽轮机供应商	alstom
太阳能跟踪驱动控制系统供应商	Nabtesco
25 年 PPA 协议签署方	NV Energy
总投资	8 亿美元
签约电价	0.135 美元$/(kW\cdot h)$

三、Ivanpah 尹万帕塔式电站

Ivanpah 塔式电站总装机 392 MW,由三座装机分别为 133 MW、133 MW 和 126 MW 的塔式电站构成,2010 年 10 月开工建设,2013 年 12 月竣工,2014 年 1 月开始运行,满足 14 万户用电需求,总投资 22 亿美元。1 号电站装机 126 MW,2 号和 3 号电站各装机 133 MW。1 号电站和 3 号电站所发电能由太平洋燃气和电力公司收购,2 号电站所发电能由南加州爱迪生电力公司收购。

Ivanpah 电站首次从实践层面验证了塔式电站大规模开发的可行性,在 Ivanpah 电站之前,装机规模最大的塔式电站为西班牙 PS20 和 Gemasolar 电站,均为 20 MW,而 Ivanpah 电站的单塔装机最高为 133 MW,实现了百兆瓦级的塔式电站的首次开发和规模化开发。Ivanpah 电站全貌如图 3-8 所示,Ivanpah 电站基本参数见表 3-3。

表 3-3 Ivanpah 电站基本参数

项目名称	参数内容
开发商	BrightSource Energy 能源公司 Google NRG Energy
占地面积	1 416 公顷
定日镜设计	BrightSource Energy

续上表

项目名称	参数内容
反射镜	Guardian
单台定日镜采光面积	15 m²
定日镜系统数目	175 000
总采光面积	2 600 000 m²
集热塔高	137 m
吸热器	Riley Power
储热系统	无
蒸汽轮机供应商	西门子 SST900
跟踪系统供应商	conedrive
冷却方式	空冷
设计咨询	Worley Parsons
补燃	天然气
DNI	2 717 kW·h/(m²·a)
年发电量	1 079 GW·h
汽轮机	Siemens SST900

图 3-8　Ivanpah 电站全貌图

Crescent Dunes 新月沙丘塔式电站和 Ivanpah 电站均在美国,这两座电站在光热发电产业发展史上具有重要意义。Ivanpah 电站为全球最大的光热电站,该电站于 2013 年 12 月 31 日开始首次投入商业运营;Crescent Dunes 为全球最大的熔融盐塔式电站,该电站于 2014 年 2 月 12 日开始进入调试阶段。两大电站的建成投运开启了塔式光热发电技术的新纪元。两大电站在单机规模上均达到了百兆瓦级,但技术路线却有着本质差别,Ivanpah 电站采用传统的水工质储热技术方案,其单位千瓦投资为 22 亿/392 MW 等于 5 612 美元/kW,单位电能投资为 22 亿/10.79 亿等于 2.04 美元/(kW·h);Crescent Dunes 电站采用较为前沿的熔融盐工质技术方案,其单位千瓦投资为 8 亿/110 MW 等于 7 273 美元/kW,单位电能投资为 8 亿/5 亿等于 1.6 美元/(kW·h)。技术路线的不同直接导致了两大电站投资经济性的明显不同,虽然没有足够的数据可以精确地计算出两大电站各自的 LCOE,但单位电能的投资数据已经可以较客观地反映两大电站的技术经济性。

四、北京延庆八达岭 1 MW 塔式太阳能光热电站

2012 年 8 月 9 日下午 13:18 分,位于北京市延庆区八达岭的我国首个光热发电示范项目——1 MW 塔式光热发电示范项目电站首次全面运行发电实验成功,如图 3-9 所示。该项目总投资 1.2 亿元,发电装机容量 1 MW,定日镜场采光面积 10 000 m^2,吸热塔高 118 m,传热介质为水/蒸汽,储热介质为饱和蒸汽和导热油,2.35 MPa,390 ℃ 蒸汽轮机发电。这是我国光热发电产业发展史上具有里程碑意义的标志性事件,是我国太阳能光热发电领域的重大自主创新成果,使我国成为继美国、德国、西班牙之后世界上第四个实现大型太阳能光热发电的国家。

图 3-9 北京延庆八达岭 1 MW 塔式太阳能光热电站

项目于 2006 年启动,2009 年 7 月 31 日,电站定日镜场开工建设;2011 年 7 月 19 日,电站聚光集热系统首次产生过热蒸汽,2012 年 8 月 9 日发电。电站主要参数见表 3-4。

表 3-4 北京八达岭太阳能光热发电实验电站主要参数

项目名称	参数内容
地点	北京市延庆区八达岭镇大坪坨村
经纬度	北纬 40°4′,东经 115°9′
占地面积	53 360 m^2
太阳能直射辐射值(DNI)	1 290 kW·h/(m^2·a)
年发电量	1 800 MW·h/年,电站内部消纳
开工时间	2009 年 7 月
投产时间	2012 年 8 月
上网电价	未并入电网
项目类型	科研示范
系统设计及技术集成单位	中国科学院电工研究所
电站总体设计单位	中电工程西北电力设计院
电站建设监理	中国华电科工集团有限公司
业主	中国科学院电工研究所
聚光场采光面积	10 000 m^2
定日镜数量	100
定日镜尺寸	10 m×10 m
每台定日镜反射镜数量	64
每个反射镜尺寸	1.25 m×1.25 m
定日镜供货及安装单位	皇明太阳能股份有限公司
太阳塔	混凝土结构,高度 118 m
吸热器结构及尺寸	腔式,5 m×5 m
吸热传热介质	水/水蒸气

续上表

项目名称	参数内容
吸热器供应单位	西安交通大学
吸热器出口蒸汽参数	340 ℃,1.3 MPa
储热方式	两级储热
储热介质	高温储热:油;低温储热:饱和蒸汽
储热容量	1 h
储热罐供货商	江苏太湖锅炉厂
汽轮机额定容量	1.5 MW
汽轮机制造商	杭州汽轮机厂
输出类型	蒸汽/朗肯
冷却方式	湿冷
化石燃料备用类型	辅助燃油锅炉

五、中控德令哈 10 MW 和 50 MW 塔式光热电站

青海德令哈 10 MW 塔式光热电站位于青海省海西州德令哈市,是全球海拔最高(3 017 m)、气温最低的光热电站;采用塔式水/熔融盐二元工质技术路线,装机容量10 MW,储热时长 2 h,占地面积 50 000 m²,镜场采光面积 63 000 m²,共配置 21 500 面2 m² 定日镜及 1 000 面20 m² 定日镜;在设计点工况时的光电效率为 15.90%;主蒸汽参数为 8.83 MPa/510 ℃。电站于 2013 年 7 月水工质并网发电;2014 年 9 月,中国第一座获批国家发改委批复上网电价 1.2 元/(kW·h)的光热电站;2016 年 8 月熔融盐工质储能 2 h 改造完成,成为我国首座、全球第三座规模化储能塔式光热电站;稳定运行 7 年多来,发电达成指标实现 97%,位列全球第一。中控德令哈 10 MW 塔式光热电站全貌如图 3-10 所示。

图 3-10 中控德令哈 10 MW 塔式光热电站全貌

青海中控太阳能德令哈 50 MW 塔式熔融盐储能光热电站是国家首批光热发电示范项目之一,列入国家战略性新兴产业重点支持项目。装机容量50 MW,配置 7 h 熔融盐储能系统,设计年发电量 1.46 亿 kW·h,相当于 8 万户家庭一年的用电量。占地面积 2.47 km²,吸热塔高度为 200 m,镜场反射面积 54.27 万 m²,熔融盐用量 10 116 t,蒸汽参数为 13.2 MPa/540 ℃。电站 2017 年 3 月开工建设;7 月份吸热塔基础开挖、储罐基础开工;2018 年 5 月完成 1 万套定日镜安装、吸热塔结顶;2018 年 7 月主厂房封顶;2018 年 11 月,镜场、吸热、储热、换热、发电各系统设备安装完成;2018 年 12 月 26 日,汽轮机冲转一次成功;2018 年 12 月 30 日并网发电;2019 年 4 月 17 日实现满负荷发电,电站 25 年期支付 1.15 元/(kW·h)的电价。每年可节约标准煤4.6 万 t,同时减排 CO_2 约 12.1 万 t,具有良好的经济效益与社会效益。电站采用由浙江中控太阳能技术有限公司自主研发并完全拥有知识产权的核心技术,95% 以上的设备实现了国产化。

该电站经过消缺、磨合、优化,运行数据不断创新高,系统设备运行稳定,各主要技术指标均优于设计值。2019 年 4 月,实现满负荷运行;2019 年 7 月进入常规运行,8 月月度发电量首次超过 1 000 万 kW·h;2019 年 9 月底进入性能考核期,考核期年度平均发电量达成率 97.06%,创下全球同类型电站投运后同期的最高纪录;2020 年 1 月、2 月、3 月月度发电达成率连续超过 100%,又创下全球同类型电站投运后同期的最高纪录;2020 年 2 月 1 日至 2 月 13 日,创下机组连续不间断运行时长(292.8 h)、连续发电量(839 万 kW·h)及发电量达成率 (105.2%)三项最高纪录。中控德令哈 50 MW 塔式光热电站全貌如图 3-11 所示,中控德令哈 10 MW 和 50 MW 塔式光热电站全貌如图 3-12 所示。

图 3-11 中控德令哈 50 MW 塔式光热电站全貌

图 3-12 中控德令哈 10 MW 和 50 MW 塔式光热电站全貌

六、首航节能敦煌 100 MW 熔融盐塔式光热电站

敦煌 100 MW 熔融盐塔式光热电站 2016 年入选首批国家太阳能光热发电示范项目。该项目占地 7.8 km², 1.2 万多面定日镜以同心圆状围绕着 260 m 高的吸热塔,镜场总反射面积达 140 多万 m², 熔融盐用量 3 万 t,储热时长 11 h,冷罐直径 37.39 m,高 15 m,热罐高 39 m,直径 40 m。该电站具有全球已建成的聚光规模最大、吸热塔最高、储热罐最大、可连续 24 h 发电的百兆瓦级熔融盐塔式光热电站等特点。该电站的建成,也标志着我国成为世界上少数掌握建造百兆瓦级光热电站技术的国家之一。

敦煌百兆瓦熔融盐塔式光热发电站年发电量达 3.9 亿 kW·h,每年可减排 CO_2 35 万 t,释放相当于 1 万亩森林的环保效益，同时可创造经济效益 3 亿～4 亿元。电站吸热塔顶部白天形成的璀璨光点在数十千米外可见，成为当地一景。该电站设备均为我国自主研发，拥有完全自主知识产权，总投资 30 亿元。图 3-13 所示为首航节能敦煌 100 MW 熔融盐塔式光热电站全貌。

图 3-13　首航节能敦煌 100 MW 熔融盐塔式光热电站全貌

该电站于 2017 年 6 月 15 日开工，主厂房基础浇灌混凝土；2017 年 11 月 4 日，吸热塔封顶完工；2018 年 10 月 5 号，汽轮机扣缸；2018 年 12 月 5 号，吸热塔首次聚光；2018 年 12 月 19 号，热力系统吹管完成；2018 年 12 月 28 号，并网发电。敦煌百兆瓦熔融盐塔式光热发电站顺利建成，意味着中国光热发电企业已掌握建设大规模熔融盐塔式光热电站的核心技术，也为中国光热发电企业立足国内、迈向国际新能源市场积累了雄厚的技术储备，是我国光热发电产业发展史上重要的里程碑。

课件
典型塔式电站

第三节　塔式电站吸热器与定日镜

一、塔式吸热器的组成与结构

在塔式光热电站中，吸热器将高倍太阳能聚光转化为高温热能，是整个系统的关键部件之一。吸热器的性能直接决定了吸热介质的出口温度，进而影响到后续热功转换效率，因此吸热器的长期稳定运行是发电系统长效运行的关键。

吸热器是类似于槽式技术中的高温真空集热管一样的核心装备，其承担着吸收太阳光热能的重要作用。吸热器由吸热体、太阳能选择性吸收涂层、保温层、外壳、高温防护和消防设施、泵和风机组成。对于水工质，还应带有汽包和温度、压力、流量测量所需一、二次仪表；对于熔融盐工质，还应有气体保护系统、进盐缓冲箱、热盐膨胀箱和温度、压力、流量所需一、二次仪表，电伴热系统和吸热器夜间保护门；对于液态金属，还应带有气体渗漏检测系统，以防爆炸，尤其是液态钠回路；对于非承压空气吸热器，一般带有引风机，对于承压空气吸热器，一般带有鼓风机或者压气机以及石英玻璃盖板和二次聚光器。

课件
塔式吸热器的结构与组成

吸热器吸热面由管板连接而成，每块管板结构类似锅炉水冷壁，都由上下联箱，以及联箱中间的吸热钢管组成。腔口也成为采光口，定日镜场聚集的太阳能从采光口入射到吸热面上。吸热器吸热体结构如图3-14所示。

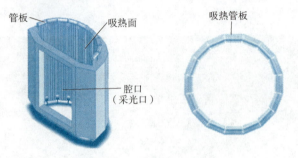

图3-14　吸热器吸热体结构

塔式吸热器可分为腔体式和外置式，如图3-15所示。腔体式吸热器的主要优点是吸热面在腔体内部，反射、对流和辐射损失小；缺点表现在限制了镜场的布置，只能在一侧，结构较为复杂。外置式吸热器的优点是结构简单，方便镜场布置，可以规模化应用；缺点表现在热损失较大，尤其是高空风速较高时通过对流散热会更多。

（a）腔体式

（b）外置式

图3-15　塔式吸热器

二、塔式吸热器材料选用

在材料选取中难度较大的是确定吸热面的热负荷（W/m^2），聚光场聚集到吸热器的功率除以采光口面积即为吸热器平均热负荷。对于水工质吸热器，平均热负荷设计值一般为400 kW/m^2，水冷壁和过热面平均热负荷为200～300 kW/m^2；对于塔式熔融盐工质，平均热负荷为500 kW/m^2；对于液体工质，吸热器耐受的极限热负荷高于1 000 kW/m^2；空气吸热器吸热体耐受的极限热负荷高于1 200 kW/m^2。吸热体材料可根据吸热体极限热负荷、吸热器传热系数设计和汽轮机工作参数选择。

吸热器的太阳能流密度大，且其要在高温、腐蚀的工况下运行，这对吸热器管材的选择提出了非常高的要求。目前众多吸热器厂商普遍选用镍基合金材料如625耐蚀合金钢或Haynes230（哈氏合金）作为吸热管材料。哈氏合金，综合了多数高温合金的强度、热稳定性、抗氧化性、热循环抗力及可加工性。625耐蚀合金钢和Haynes230都具有非常良好的耐高温、耐腐蚀和抗疲劳特性，均可作为吸热管材料，且均有一定的应用先例。在600℃以下的平均热膨胀系数差异细微、高温抗疲劳性能接近；在高温强度方面，当温度大于750℃时，230的强度稍优；在750℃以下，625的高温强度优于230；在耐高温熔融盐的腐蚀方面，625材料的腐蚀速率略小于230；在焊接加工方面，230材料含钨量高，切削焊接性能不如625。与传热流体接触的管路材料选用要符合耐高温、耐腐蚀、耐高温应力腐蚀、导热率高的特点。

为减少热损失，腔式吸热体的四周和上下面均有保温材料，该保温材料的耐火性和耐高温性需求较高，燃点不低于900℃，且在高温时不分解不散发有毒气体。紧贴吸热体的保温材料选用耐火保温材料，在耐火保温材料后部再加其他类型绝热性能好的保温材料；外置式吸热器，一般不选用保温材料，吸热器上下部分必须设置耐火及保温材料，防止吸热塔结构受损。

三、塔式吸热器供应商

吸热器是塔式光热电站最关键的核心装备，其制造技术和工艺难度较大，拥有设计和生产制造吸热器能力的公司较少，这里主要介绍比利时的CMI（Cockerill Maintenance Ingénierie）太阳能公司、北京巴威公司、东方锅炉和杭州锅炉生产应用在塔式光热电站中的典型吸热器。

CMI太阳能公司对吸热器内部的入口罐以及空气罐进行特殊设计，并结合该公司开发的红外温度以及应力实时监控系统，从而避免出现吸热器过热现象。同时，CMI吸热器的钢结构以及护板采用全螺栓式的结构，在现场组装时，无须焊接，有助于减少现场安装工作量；在进行设备维修工作时，只要卸掉相应位置的螺栓即可，便于对管屏进行维护和保养。图3-16所示为采用CMI吸热器产品的Solar One塔式光热发电项目南非KHI。

中外合资企业北京巴威公司则通过引进美国B&W公司完整的吸热器技术授权，完成了50 MWt~100 MWt大容量吸热器的研发，并成功参与了国内多个项目投标。图3-17所示为北京巴威向eSolar加州Sierra塔式光热电站交付的吸热器。

图3-16 采用CMI吸热器产品的Solar One塔式光热发电项目南非KHI

图3-17 北京巴威向eSolar加州Sierra塔式光热电站交付的吸热器

东方锅炉已完成了300 MWt与600 MWt容量等级的熔融盐吸热器的全面自主开发与详细的技术设计，形成了系列化的技术设计标准及完整的运行控制策略。图3-18所示为选择东方锅炉生产的吸热器的延庆1 MW塔式光热发电试验项目。

杭州锅炉在塔式吸热器产品的研发历程已有8年多的时间，其已完成了水工质吸热器及熔融盐工质吸热器产品的设计与供货，并成功实施了从数值模拟到小型试验（200 kWt）再到 10 MWe 级光热示范项目。顺利拿下了青海中控太阳能德令哈 50 MW 项目的熔融盐吸热系统订单，供货范围包括吸热器本体、管道阀门仪表伴热和辅机系统（空压系统、电梯和塔吊等）。图 3-19 所示为应用杭州锅炉吸热器的中控太阳能 10 MW 塔式光热发电项目。

图 3-18　延庆 1 MW 塔式光热发电试验项目

图 3-19　应用杭州锅炉吸热器的中控太阳能 10 MW 塔式光热发电项目

四、定日镜结构

塔式电站中定日镜由反射镜、支架、跟踪控制系统及传动机构组成，其中反射镜结构与槽式电站中的抛物反射镜结构相同，从上往下依次为①玻璃层、②银层、③铜层、④底漆、⑤中漆、⑥面漆。定日镜中反射镜结构如图 3-20 所示。

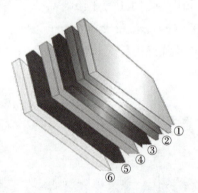

图 3-20　定日镜中反射镜结构

五、定日镜规格

槽式集热器已经形成了较为统一的国际惯例，如槽式 RP1~RP5 的反射镜规格伴随多种槽式集热器的设计变化而更迭，最成熟的 RP3 反射镜应用较广泛。与槽式集热器不同，塔式定日镜的规格因设计方的不同而不同，不同的设计方有不同的尺寸设计，甚至于会因项目的不同而有不同的定日镜规格设计。可以说，塔式定日镜完全不是标准化产品，而是定制化产品。塔式定日镜的主体即反射镜，反射镜的制造由反射镜厂商负责，但反射镜的规格（如长度、宽度及面积）则由项目设计方设计。各塔式电站中定日镜规格与大小如图 3-21 至图 3-23 所示。

图 3-21　中电建青海共和 50 MW 熔融盐塔式光热电站定日镜

图 3-22　Solar One 电站定日镜,40 m²,单套定日镜共配置 12 面小反射镜

图 3-23　Solar Two 电站新型定日镜

Solar Two 在 Solar One 的镜场基础上增加了 108 套新型定日镜,新增定日镜的面积大小为 95 m²,由 64 面反射镜按每 16 面(4×4)组成一个正方形布置。图 3-24 所示为新月沙丘电站定日镜。

图 3-24　新月沙丘电站定日镜

熔融盐型塔式电站开发商 SolarReserve 在 110 MW 的新月沙丘电站中采用的定日镜设计为 115 m² 大小，一套定日镜配 35 面反射镜，按 5×7 顺序排列，单面反射镜的面积约为 3.3 m²。图 3-25 所示为 Ivanpah 电站定日镜。

图 3-25 Ivanpah 电站定日镜

定日镜的设计历经多年变迁，大小为 1~100 m² 不等，业内对定日镜的大小问题一直以来存在不少争论，但直到今天，仍没有人能百分百地确定大定日镜更好还是小定日镜更优。这主要是因为这很可能是一个没有标准答案的问题，塔式光热电站的系统性很强，定日镜的设计要根据项目地的实际环境和项目设计要求，依托整体系统进行设计，一切应以最小化电站投资成本和度电成本为准则。

六、定日镜大小优缺点

大定日镜与小定日镜各有其优缺点，主要从以下五个方面进行对比。

1. 生产制造的精度方面

就定日镜本身的生产制造来看，塔式定日镜由于焦距都很远，对精度要求较高，一般都要求控制在 0.1~2 mrad。因此，大定日镜的研发难度要高些，因为镜子越大，要做到毫弧度级别的精度就越困难。在实际项目中，大定日镜往往用在大塔项目中，对精度的要求会很高。而小定日镜在设计和制造方面的难度要大大降低。

2. 驱动控制方面

从定日镜的驱动控制角度来看，小定日镜意味着有更多的控制节点，也意味着需要更多的电动机和电气控制系统，更多的电气控制意味着更多的线缆和更加复杂的网络。比如，eSolar 的一个 5 MW 的塔式系统需要 4 万多个控制节点，必须分层控制，更多的节点就会带来更多的网络问题，大定日镜相对要好些。总的来看，小定日镜的最大难点是控制节点网络的设计，以及在控制网络中对控制信息的处理方面难度较大。

3. 安装与调试方面

小定日镜的安装调试更加简便,而大定日镜要相对复杂很多。小定日镜依靠人力和一台小铲车就可以安装,而大定日镜则可能需要 40 t 的汽吊,这就涉及大量的机施费用。大定日镜对地桩的要求较高,需要打 5~8 m 深的地基,浇筑钢筋混凝土桩基,小定日镜采用光伏发电类似的细桩即可,甚至于 eSolar 的小定日镜都不需要桩基,直接采用浮地设计。无论哪种定日镜在安装中都需进行调试,大定日镜数量少,可以采用人工方式调试,而小定日镜如果没有很好的自动校正补偿机制,基本没有可能进入到工程化阶段。

4. 土地利用率方面

同等装机下,因大定日镜之间的间距较大,小定日镜之间的间距较小,总的来说,大定日镜的土地利用率要小于小定日镜。理想的定日镜设计应是宽度大于高度,呈扁长型。

课件
定日镜大小优缺点比较

5. 吸热器的角度

小塔的吸热器吸热面较小,考虑到光斑大小,必须采用小定日镜,大塔的吸热器吸热面较大,只要解决吸热器局部过热的问题,大小定日镜都可以使用。从热工角度看,大塔比小塔更合理,比如只有一个吸热节点,热工管道短,没有多个小塔的热平衡和调配问题。但是大塔一般在 120 m 以上,镜场半径可能超过 1 km,而超过 750 m 的定日镜的光学效率非常非常低。

其实,直接比较大定日镜和小定日镜的优劣可能并不合理,必须纳入系统中去,从造价、工程、运维等方面进行比较,最关键的还是要看度电成本。

微课
定日镜大小优缺点比较

第四节 传热介质熔融盐

在塔式光热电站中,使用最多的传热介质和储热介质均为熔融盐。下面介绍熔融盐的成分和特性及光热电站中熔融盐腐蚀与泄漏问题。

一、熔融盐成分与特性

二元熔融盐的成分为 40% 的硝酸钾(KNO_3)和 60% 的硝酸钠($NaNO_3$),三元熔融盐的成分为 53% 的硝酸钾加 7% 的硝酸钠和 40% 的亚硝酸钠($NaNO_2$)。二元熔融盐 Solar Salt 在光热电站中使用较广,工作温度范围是 290~565 ℃,是优良的传热储能介质,无毒不易燃;具有四高三低的特点,即较高的使用温度、高热稳定性、高比热容、高对流传热系数、低黏度、低饱和蒸汽压、低价格。应用在光热电站中的熔融盐有三元熔融盐、二元熔融盐Ⅰ、二元熔融盐Ⅱ,其热物性参数见表 3-5。

表 3-5　常见混合熔融盐热物性参数

型号	三元熔融盐	二元熔融盐 I	二元熔融盐 II
组分(mol%)	53% KNO_3 + 40% $NaNO_2$ + 7% $NaNO_3$	40% KNO_3 + 60% $NaNO_3$	55% KNO_3 + 45% $NaNO_3$
密度(kg/m^3)	1 938(150 ℃)	1 899(300 ℃)	1 880(300 ℃)
运动黏度($mm^{-2} s^{-1}$)(300 ℃)	0.79~0.82	0.81~0.84	1.06~1.1
比热容[$kJ/(kg \cdot K)$]	1.55	1.46	1.43
导热系数[$W/(m \cdot K)$]	0.500	0.520	0.317
使用温度(℃)(优等品)	160~540	230~590	140~550
使用温度(℃)(合格品)	180~520	230~570	160~530

使用冷熔融盐罐与热熔融盐罐存储熔融盐,熔融盐初始状态为固态,杂质较多,使用前需要去除,熔融盐中常见的杂质有镁(占比约 0.045%)、氯化物(占比约 0.36%)、高氯酸盐(占比约 0.26%)、碳酸盐(占比 0.00234%)、硫酸盐(占比约 0.12%)、钙(占比约 0.0045%)等。

熔融盐的密度(Density)、比热容(Heatcapacity)、黏度(Viscosity)和热导率(Thermalconductivity)计算公式如下:

$$\text{Density}(kg/m^3): \rho = 2\,090 - 0.636 \times T \tag{3.1}$$

$$\text{Heatcapacity}[J/(kg \cdot K)]: c_p = 1\,443.2 + 0.172 \times T \tag{3.2}$$

$$\text{Viscosity}(mPa \cdot s): \mu = 22\,714 - 0.12 \times T + 2\,281 \times 10^{-4} \times T^2 - 1\,474 \times 10^{-7} \times T^3 \tag{3.3}$$

$$\text{Thermalconductivity}[W/(m \cdot K)]: k = 0.443 + 1.9 \times 10^{-4} \times T \tag{3.4}$$

三元熔融盐(HITEC)也是常用的熔融盐,含 53% 的硝酸钾、40% 的亚硝酸钠和 7% 的硝酸钠,分子式为 KNO_3 + $NaNO_3$ + $NaNO_2$,熔融盐不燃烧、无爆炸危险、泄漏蒸汽无毒,特定温度下的主要物性数据包括熔点 142 ℃,气化点 680 ℃,工作温度范围 149~580 ℃、介质密度在 150 ℃ 和 600 ℃ 时分别为 2 000 kg/m^3 和 1 650 kg/m^3,介质密度曲线呈线性;运动黏度在 150 ℃ 时为 $1 \times 10 \, m^2/s$,随温度升高按指数规律下降,在 400~550 ℃ 接近不变值(约 $0.8 \times 10 \, m^2/s$),比热容为 1.55 $kJ/(kg \cdot K)$,导热系数在 500 ℃ 时为 0.3 $W/(m \cdot K)$;固态盐的体积膨胀系数为 0.001 59 m^2/K,液态时 0.001 12 m^2/K。该三元盐在 455 ℃ 以下时不分解,455~540 ℃ 时亚硝酸钠将有缓慢分解行为,变为硝酸钠、氧化钠和氮气,如果与空气接触还会产生亚硝酸钠的氧化反应,故三元盐在高温下应注意运行的安全性,当温度超过 620 ℃ 以上时,分解将非常迅速,产生熔融盐沸腾现象。熔融盐长期使用后会产生劣化,特别是亚硝酸盐类,劣化的主要表现在化合物发生分解和氧化,使亚硝酸盐类含量降低,化合物熔点上升,此时介质参数将发生变化,对蓄热能力、换热能力有多方面影响。随着劣化程度加剧,混合物熔点上升,可通过补充亚硝酸盐的方法降低熔点,使介质成分保持原样,如果熔点温度上升值超过 50 ℃ 时应加强观测,超过 80 ℃ 时应及时进行调整处理。测量中如发现熔融盐中产生大量碳酸盐,并且有沉淀情况,为防止管道堵塞等严重情况发生,应处理或更换全部介质。三元盐作为介质情况下,储热罐温度在 470 ℃ 以下可采用铁素体耐热钢,470 ℃ 以上采用奥氏体钢。

假定蓄热装置出口温度为 500 ℃,入口温度为 350 ℃,工作压力为正常大气压下,机组热效率为 35%,则三元盐每立方米理论存储 0.356 MW·h 当量热量,实际可使用 0.122 MW·h

当量热量。计算分析可知,三元盐的熔点温度降低,同等条件下蓄热能力和二元盐相比下降10.7%,三元盐的凝固点低,有利于系统的安全运行,减少了启动过程和停机过程的能耗和运行维护,北京工业大学也在研究更低熔点的硝酸盐类,美国桑地亚国家实验室正在研究新的混合熔融盐,使其熔点低于 100 ℃,但熔点降低的结果,使最高使用温度也有所降低,高温下的热稳定性有所下降,熔融盐成本也较高。以熔融盐为储热介质的蓄热系统中,关键设备是熔融盐泵,熔融盐泵的运行温度为 238~1 200 ℃。

二、熔融盐的腐蚀与泄漏

熔融盐的主要缺点是腐蚀性强,熔融盐的腐蚀性主要原因在于熔融盐中的硝酸钾和硝酸钠的氯离子和硫酸根离子,它好比人类血管中的胆固醇,轻则造成堵塞,重则危及安全,尤其高温条件下氯离子对设备的腐蚀性更是成几何级数增加,严重影响着生产安全和运行寿命。通常而言,熔融盐的腐蚀性会对熔融盐罐、熔融盐泵、熔融盐电加热器、罐体内测试元件、熔融盐管路、阀门、熔融盐吸热器、连接软管、法兰等产生一定的化学腐蚀或者应力腐蚀,由于熔融盐使用过程中极大的温差变化而造成的应力腐蚀可以导致熔融盐罐焊缝破裂。

熔融盐作为蓄热工质主要要求熔融盐在长期使用过程中物理化学性能保持稳定,比重、比热、黏度等各项热物性参数变化小,挥发量小。熔融盐的过流部件主要包括熔融盐罐、熔融盐泵、熔融盐管路、阀门、接触式测试设备、熔融盐吸热器、熔融盐-导热油换热器、熔融盐-水工质预热器、蒸发、过热和再热器等,熔融盐流经这些设备时会存在一定的腐蚀、形变和热应力破坏等影响,需要保证这些设备在设计使用寿命内的正常工作。

课件●
传热介质熔融盐

防止熔融盐腐蚀可采取的措施有提高熔融盐产品的品质,尤其是降低易引起腐蚀的氯离子、硫酸根离子等,降低易沉积、结垢的杂质离子等;选用合适的具有较强抗腐蚀性的材料制作设备,并且在设备制造和使用之前对设备进行防腐蚀处理;运行过程中,做好温度监测,避免局部过热使熔融盐劣化变质而加剧对设备的腐蚀;对于有些熔融盐产品,还需要使用惰性气体进行保护。

微课●
传热介质熔融盐

第五节 塔式电站设计计算

光热电站的整体设计是非常复杂的,跨专业领域较广,涉及热工、控制、材料、机械等。下面介绍塔式电站年发电量的估算和镜场面积计算。

一、塔式电站设计基础资料与参数

塔式电站在设计之初需要的基础资料与参数包括太阳能光热发电站现场、场址附近和当地气象站有关太阳辐射资源和气象资源;水土保持方案报告书;水资源论证报告书;地质勘查报告;地质灾害危险性评估说明书;场址范围外扩 10 km 的 1∶50 000 地形图和场址范围 1∶2 000 地形图;工艺供气供水条件;项目建设选址用地范围内未压覆已查明重要矿产资源的函;电网接入系统报告;环境影响评价报告;当地建筑材料、设备和人工费的价格资料等。

光热电站设计的主要参数覆盖在聚光集热系统、传热系统、储热系统、发电系统四个方面。在聚光集热系统中,主要的参数有聚光场总面积、聚光场的控制方式、聚光器清洗方法(人工清洗、机器清洗、干洗、水洗);吸热器形式及尺寸、塔式电站则为塔的腔体直径、柱面大小;槽式电站则为真空集热管长度、直径等。在传储热系统中,主要参数有吸热传热介质水/水蒸气、导热油、熔融盐等及其最高工作温度、换热器形式、换热量、循环泵、膨胀箱等。在储热系统中,主要参数包括储热罐数量、储热容量、储热温度、材料种类和用量等。在发电系统中,主要参数有汽轮机额定进汽参数(主蒸汽压力和温度)、额定功率、最低稳定负荷、机组热效率、汽轮机冷凝模式(干冷或湿冷)、年耗水量等。此外与电站运行相关的参数还包括聚光场年平均效率、聚光场年最高效率、吸热器年平均效率、电站年平均效率;在典型太阳辐照及气象条件下电站启动时间;太阳能光热发电站接入系统电压等级、升压模式;热发电站上网计量关口点设在产权分界点;工程永久性用地面积;项目建设期年最大取水和运行期间年取水总量等。在我国西北地区,50 MW电站建设期一般不超过30个月,100 MW电站建设期一般不超过42个月;电站经营期一般为25年。

二、基本术语

设计点(design point):设计点是一个时刻,以及对应的太阳辐照度和环境空气温度,用它可以定量地分清聚光场面积、汽轮发电机功率、储热器容量等几个重要因素之间的关系,一般设计点不用当地气象条件的峰值和极端太阳角度来规定,也不考虑风速。对于一个带有储热系统的大型电站,设计点一般会考虑集热场的输出功率等于汽轮发电机满负荷运行的热功率,它是用于确定太阳能集热和发电系统参数的某年、某日、某时刻以及对应的气象条件和太阳法向直射辐照度等,一般取春分日正午。

聚光器采光面积(concentrator aperture area):聚光器截获太阳辐射的最大投影面积,这部分面积实际是一台聚光器中所有反射镜面积之和。与轮廓面积不同,轮廓面积包括了反射玻璃之间的间隙,一般是大于采光面积的。

聚光场采光面积(concentrator field aperture area):聚光场中所有聚光器采光面积之和。

镜面损失(mirror loss):聚光器反射面的镜面反射率一般在0.92~0.94(在设计点时),但由于反射镜是暴露在大气条件下工作,灰尘、湿度等环境因素都会使镜面反射率降低。

余弦损失(cosine loss):为将太阳光反射到固定目标上,反射镜表面总不能与入射光线保持垂直,可能会成一定的角度。余弦损失就是由于这种倾斜所导致的相对于阳光垂直照射反射镜面所能得到的最大辐射能而言的减弱程度,它与光线入射角的余弦有关。

阴影和阻挡损失(shading and blocking loss):定日镜的反射面处于相邻一个或多个定日镜的阴影下,由于前排镜子的遮挡,后排定日镜会有不能接收到太阳辐射或反射光被遮挡而不能达到聚光器的情况。

大气衰减损失(atmospheric attenuation loss):在光线从反射镜反射至吸热器的过程中,太阳辐射能因在大气传播过程中的衰减所导致的能量损失称为衰减损失。

溢出损失(spill loss):反射镜反射的太阳辐射能因没达到吸热器表面而溢出至外界大气中所导致的能量损失。

聚光器面型误差(concentrator profile error):聚光器实际反射面轮廓与理论反射面轮廓不一致引起的误差,包括位置误差和斜率误差。

聚光场效率(focusing field efficiency):单位时间经聚光场反射或透射进入吸热器采光口的太阳辐射能与入射至聚光场采光面积上总法向直射太阳辐射能之比。

聚光场年效率(annual efficiency of focusing field):一年中经聚光场反射或透射进入吸热器采光口的太阳辐射能与入射至聚光场采光面积上总法向直射太阳辐射能之比。镜场年均效率可按50%~68.7%进行估算,可行性研究报告中一般按不低于60%进行计算,大型电站取小值处理。

吸热器效率(receiver efficiency):吸热器内传热介质获得的总能量与进入吸热器采光口上总能量之比。吸热器年均效率η_{rec}一般在73%~85%,腔式吸热器可取大值,管式吸热器取小值。

吸热器额定热功率(design point thermal power of receiver):吸热器在设计点时的输出热功率,单位为W。

三、电站年发电量估算

1. 光热电站发电量估算过程

计算年发电量的关键在于确定集热场功率,包括确定聚光场面积和吸热器功率,聚光过程与吸热、储热、换热和发电是耦合的。年发电量计算过程为:先确定辐照和气象条件,然后假定一个聚光场面积,将聚光场的输出作为吸热器的输入,吸热器的输出功率应等于汽轮机和储热器需要的额定输入功率之和,如果该条件不满足,那么需要重新假设聚光场面积,直到满足要求。如果不在设计点工况,集热场的输出只能满足发电和储热其中一个设备满负荷工作,可能造成两种局面,一种是储热器或汽轮机长期处于非额定负荷工作状态;另一种是集热场输出的能量多于储热和发电的需要,因此需要关闭一部分聚光器,造成设备效率大幅下降。光热电站年发电量计算过程如图3-26所示。

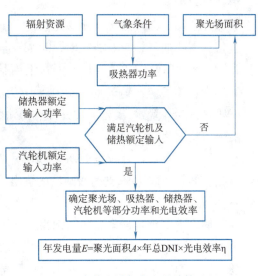

图3-26 光热电站年发电量计算过程

2. 光热电站年发电量估算例题

例3-1 已知某地年总DNI=1 850 kW·h/m²,设计点辐照度为1 000 W/m²,年平均环境温度为15 ℃。带4 h储热的50 MW塔式电站汽轮机参数见表3-6。

表 3-6 汽轮机参数

序号	内容	单位	数据
1	功率范围	MW	30~50
2	滑压工作范围(负荷)	%	30~110
3	蒸汽参数范围	MPa	3~9
4	额定功率	MW	50
	主汽压力	MPa	9.2
	主汽温度	℃	360~383
	额定进气量	t/h	226

储热量为汽轮机满发 4 h,求该电站的定日镜聚光场面积和年发电量估算。

分析求解:

1)计算吸热器输出功率

取设计点为春分日正午,太阳辐照度取设计年太阳平均辐照度 1 000 W/m²,设计环境温度取年平均环境温度 15 ℃,要求集热场在设计点的输出功率大于等于发电机组需要的输入功率加储热功率。

本工程采用汽轮机容量为 50 MW,额定输入热功率为 150 MW(热电效率取 33.3%,即汽轮机发电效率)。

储热器额定输入热功率计算为:

每天需要的储热量 $Q_2 = 4\ h \times 150\ MW = 600\ MW \cdot h$。设每天的充热时长为 6 h,则充热功率为 $P_2 = 600\ MW \cdot h/6\ h = 100\ MW$,吸热器输出功率 $P_3 = 150 + 100 = 250(MW)$。

2)假设需要定日镜聚光场面积为 10 万 m²

吸热器为外置式,聚光场在设计点的输出效率取 68%,吸热器的截断效率取 100%,此时镜场的输出功率为

$$P_4 = 68\% \times 100\% \times 100\ 000 \times 1\ 000 = 68(MW)$$

吸热器效率取 90%,此时吸热器的输出功率 $P_3 = 68 \times 90\% = 61.2\ MW$,250 MW/61.2 MW = 4.08,因此需要扩大镜场面积至少 4.08 倍。

3)假设需要定日镜聚光场面积为 45 万 m²

考虑到聚光场面积基本与输出成正比,聚光场尺寸变大后的聚光场效率会降低,则假设聚光场面积增加 4.5 倍,为 45 万 m²,此时聚光场面积输出效率取 63%,吸热器截断效率取 95%。则镜场的输出功率为

$$P_4 = 63\% \times 95\% \times 450\ 000 \times 1\ 000 = 269(MW)$$

吸热器效率取 85%,此时吸热器的输出功率为

$$P_3 = 269 \times 85\% = 229(MW)(比 250 MW 还是少)$$

4)假设聚光场面积增加为 51 万 m²

此时聚光场面积输出效率取 62%,吸热器截断效率取 94%。此时镜场的输出功率为

$$P_4 = 62\% \times 94\% \times 510\ 000 \times 1\ 000 = 297(MW)$$

吸热器效率取 85%,此时吸热器的输出功率为

$$P_3 = 297 \times 85\% = 252.5 \text{(MW)}$$

结果基本满足要求,可得结果该电站的聚光场面积为 51 万 m^2。

5)计算年发电量

该电站的发电效率 = 镜场的输出效率×吸热器截断效率×吸热器效率×汽轮机效率,即

$$\eta_T = \eta_{hel} \times \eta_{int} \times \eta_{receiver} \times \eta_{turbine} = 62\% \times 94\% \times 85\% \times 33.3\% = 16.5\%$$

年发电量 E = 聚光面积 A × 年总 DNI × 光电效率 η_T,即

$$E = 510\,000 \times 1\,850 \times 16.5\% = 1.56 \times 10^8 \text{(kW·h)}$$

即每年发电量为 1.56 亿 kW·h,则该电站的满发时数为 $1.56 \times 10^8 / 5 \times 10^4 = 3\,120$ h。

课件
光热电站年发电量计算

微课
光热电站年发电量计算

四、塔式电站镜场布置范围估算

塔式电站的塔高度在一定范围内为常数 36.7 乘以塔顶接收器的输出热功率的 0.288 次方。同时,为保证镜场效率,镜场布置半径范围一般在 1 倍塔高到 5 倍塔高的布置范围内。

$$h = 36.7 \times Q_3^{0.288} \tag{3.5}$$

式中 h——太阳能塔式电站吸热塔高度,m;

Q_3——塔顶接收器的输出功率,MW。

镜场布置面积计算为下列公式

$$S = \pi \times (5h)^2 - \pi \times h^2 \tag{3.6}$$

式中 $5h$——镜场布置范围面积外围距离吸热塔的距离,m;

h——镜场布置范围面积内围距离吸热塔的距离,m。

接例 3-1,计算塔式电站镜场布置范围,吸热塔高度为

$$h = 36.7 \times Q_3^{0.288} = 36.7 \times 252.5^{0.288} = 180.5 \text{(m)}$$

其中 $Q_3 = 252.5$ MW。

镜场布置范围估算为

$$S = \pi \times (5h)^2 - \pi \times h^2 = 2\,455\,247.64 \text{(m}^2\text{)}$$

五、逆向法计算镜场面积

定日镜面积除了前面所讲述的通过假定的方法来确定之外,还可以基于能量守恒定律,按照电到热,再到光的逆向思维确定定日镜面积。以塔式电站为例,汽轮机组输出的是电功率,其输入是来自吸热器输出的热功率,吸热器的输入则来自聚光镜场的输出,即聚光镜收集反射给吸热器的太阳辐射能,而聚光镜场的输入则是所有定日镜面积上接收到的太阳入射能量,由此整个能量的传递流程与转化过程可由图 3-27 所示。

在图 3-27 中,Q 为汽轮机输出的电功率;Q_1 为汽轮机所需热功率的输入;Q_2 为储热系统的储热功率;h_1 为储热时长;h_2 为充热时长;η_1 为汽轮机组额定工作效率;η_2 为吸热器年均效率;η_3 为储热效率;η_4 定日镜场年均效率;A 为镜场定日镜总面积;DNI 为设计点太阳直射辐射值。

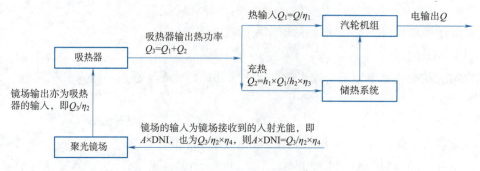

图 3-27 塔式电站能量逆向传递过程:电-热-光

以 50 MW 熔融盐塔式电站为例,电站基本设计条件、镜场面积及造价估算见表 3-7。

表 3-7 电站镜场面积计算示例

项 目		数 值	单 位
1. 电站基本设计条件	电站容量 E	50	MW
	电站设计点	春分日正午	
	设计点 DNI	900	W/m²
	储热时长 h_1	6	h
	设计充热时长 h_2	8	h
2. 镜场面积计算	汽轮机组总效率 η_1	38.4	%
	吸热器年均效率 η_2	80	%
	储热系统效率 η_3	91	%
	定日镜场年均效率 η_4	62	%
	汽轮机额定输入热功率 $Q_1 = E/\eta_1$	130.2	MW
	储能系统每天所需存储的热量 $Q_{stor} = h \times Q_1/\eta_3$	858.5	MW·h
	储能系统充热功率 $Q_3 = Q_2/h_1$	107.3	MW
	设计点吸热器需要输出的热功率 $Q_{rec} = Q_1 + Q_3$	237.5	MW
	所需定日镜场总面积 $A = Q_{rec}/(\eta_4 \times \eta_2 \times DNI)$	532 034.1	m²
3. 造价估算	镜场单价 m	800	元/m²
	镜场总造价 $F = m \times A$	42 562.7	万元

在表 3-7 中:

①DNI 为参照德令哈 50 MW 塔式电站取值;

②镜场从 8 点至 16 点,镜场反射的太阳能经吸热器后一部分能量开始流向储热系统进行存储;

③汽轮机组效率为参照德令哈 50 MW 塔式电站取值;

④该估算面积为镜场所需最小面积,实际还应按单块定日镜面积进行圆整;

⑤该价格为洛阳一家传动设备厂与西班牙 STS 在国内合资公司报价,包含镜面、支撑结构、传动及控制系统,不含施工费用。

例 3-2 某光热研发企业拟在青海格尔木投资兴建 10 MW 太阳能槽式试验电站一座,在项目可行性研究阶段需预估聚光集热镜场总面积及镜场总投资成本。该项目

建设地基本条件及设计参数如下:

①主要气象参数。

年平均气温:5.3 ℃;年日照时数:3 096.3 h;年平均风速:2.8 m/s;年平均空气相对湿度32%;年平均总辐照量 6 908.1 MJ/m²。

②设计点。

时刻:春分日正午;

太阳辐照条件:设计点时刻太阳法向直射辐射值 DNI = 930 W/m²。

③聚光集热器、熔融盐储热系统及汽轮机组基本技术参数。

聚光集热器:中海阳、工作介质导热油,工作温度 293 ~ 393 ℃;

熔融盐储热系统:储热介质 $KNO_3 + NaNO_3$,工作温度 293 ~ 393 ℃,储热系统年均热效率 98% ~ 99%,设计储热时长 2 h(即储热量为汽轮机组满负荷发电 2 h)、储热系统每天充热时长 4 h;

汽轮机组:杭汽股份、反动式冷凝汽轮机组,额定工作效率 34% ~ 38%。

④槽式集热器。

集热器单元(SCE)参数:集热器开口宽度 5.76 m,长度 12.5 m,单个集热器单元采光面积 72 m²;集热器按每 12 个一组,每四组组成一个长 600 m 集热回路布置;

镜场年均集热效率:72% ~ 80%;

镜场投资成本折合:710 元/m²。

求:①电站镜场总面积计算;

②镜场所需的最小集热器模块数量;

③镜场总投资成本计算。

解析:槽式电站原理图如图 3-28 所示。

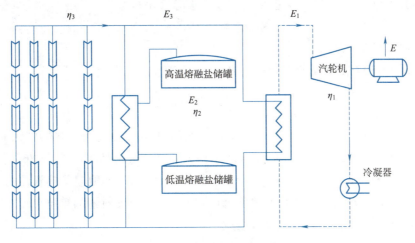

图 3-28　槽式电站原理图

(1)汽轮机输入功率 E_1:

$$E_1 = \frac{E}{\eta_1} \tag{3.7}$$

式中 E——电站容量,10 MW;

η_1——汽轮机组效率,35%;(根据题干给定的额定工作效率 34%~38%,由设计者任取)。

则有

$$E_1 = \frac{E}{\eta_1} = \frac{10}{0.35} = 28.6(\text{MW})$$

计算电站设计储热时长 h_1 时长内总的储热量 E_2':

$$E_2' = \frac{E_1}{\eta_2} \times h_1 \tag{3.8}$$

式中 h_1——设计储热时长,2 h;

η_2——储热系统效率,98%。

$$E_2' = \frac{E_1}{\eta_2} \times h_1 = \frac{28.6}{0.98} \times 2 = 58.4(\text{MW} \cdot \text{h})$$

则设计点时刻储热系统充热功率 E_2 为:

$$E_2 = \frac{E_2'}{h_2} = \frac{58.4}{4} = 14.6(\text{MW})$$

式中 h_2——电站设计充热时长,4 h。

(2)设计点镜场总的输出功率 E_3:

$$E_3 = E_1 + E_2 = 28.6 + 14.6 = 43.2(\text{MW})$$

(3)镜场总面积 A:

根据能量守恒,太阳投射到镜场的总能量:

$$E_4 = \frac{E_3}{\eta_3}$$

式中 η_3——镜场年均效率,75%(根据题干给定的额定工作效率 72%~80%,由设计者任取)。

同时,根据光学几何原理,太阳投射到镜场的总能量计算为

$$E_4 = A \times \text{DNI}$$

式中 A——待求的镜场面积;

DNI——设计点时刻,太阳直射辐射值 DNI = 930 W/m²。则有

$$A = \frac{E_3}{\eta_3 \times \text{DNI}} = \frac{43.2 \times 10^6}{0.75 \times 930} = 6.2 \times 10^4 (\text{m}^2) \tag{3.9}$$

该槽式电站镜场采光面积估算为 6.2 万 m²,依据题目中已知每个集热器单元采光面积为 72 m²,12 个集热单元组成一组集热器阵列,4 组构成一个集热回路,则共需要 864 个集热器单元,72 组集热器阵列,18 条集热回路。每个集热器单元中包含 3 根真空集热管,则真空集热管数量为 2 592 根,如已知真空集热管的单价(元/根)和抛物面反射镜的单价(元/m²),再考虑其他设备成本,则可估算出本槽式电站镜场成本。

第六节 塔式电站储热系统设计

目前,光热电站一般均采用储热技术路线,储热系统的增加可以提高电站的发电量,降低度电成本,实现 24 h 连续发电。储热系统一般采用双罐储热,即一个冷熔融盐罐存

储低温熔融盐,一个热熔融盐罐存储高温熔融盐,本节将主要对双罐储热系统进行介绍、储热系统的储热量及熔融盐用量等进行相关计算、储热系统成本分析。

一、双罐熔融盐储热系统

双罐熔融盐储热系统主要由高温熔融盐储罐、低温熔融盐储罐、导热油蒸汽发生器、熔融盐蒸汽发生器等组成。

在双罐熔融盐储热系统中,熔融盐储罐是核心装备。熔融盐具有较高的冻结温度,熔融盐放置在罐体中需确保在寿命期内不发生冻结现象,即在电站运行过程中熔融盐始终保持液体状态。熔融盐储罐体积大,要防止热疲劳引起的破坏;大量高温熔融盐也要做好预防泄漏的措施。熔融盐储热罐的作用主要为存储熔融盐、克服云遮、支撑熔融盐泵。熔融盐泵多为立式泵,需要固定在低温熔融盐罐的顶部。罐体底部,钢衬板下方有两层绝热材料,分别为隔热耐火砖和泡沫玻璃,罐体质量和熔融盐的质量主要是靠环形墙来支撑。图 3-29 所示为储热罐。

图 3-29 储热罐

以美国 Solar Two 电站的双罐熔融盐储热的实际应用为例,熔融盐在存储到熔融盐罐中之前要先进行预热和化盐。熔融盐预热过程是采用丙烷对流加热器对热罐进行加热,从室温加热到 315 ℃,经过 9.5 天时间使得罐体与地基达到热平衡,罐体温度达到 315 ℃之后才能允许热熔融盐的注入。化盐过程是将全部熔融盐由固态加热融化需要 16 天。典型运行状况为,当设计工况启动,热罐中的盐位不低于 0.9 m,冷罐中的盐位不低于 5.8 m。冷罐中盐位高是因为吸热器运行时首先是冷罐中的盐被泵送到吸热器中加热再返回热罐存储。当吸热器出口温度盐温达到 510 ℃时,可以注入热罐中进行存储。两个罐体的非盐体积是氮气空间,氮气会在两个罐体中流动。当热罐中的盐位超过 2.5 m,后端的蒸汽发生器可以投运,当热罐盐位低于 0.9 m,蒸汽发生器关停。布置的电加热通常在盐温低于 290 ℃时投运以维持该温度防止盐的凝固冻结。图 3-30 所示为碎盐及通过传送带将盐输送至化盐炉。

课件

双罐熔融盐储热系统介绍

微课
双罐熔融盐储热系统介绍

图 3-30　碎盐及通过传送带将盐输送至化盐炉

光热电站在整合了储能系统（TES）后，能够显著降低电力平准度电成本（LCOE），当然，要使成本效益达到最优化，储热系统的设计方案必须综合考量太阳岛、发电岛的实际规模以及具体的电力调度策略。满负载储热时长每增加 1 h，就意味着投资成本需提高 3%～4%。

二、双罐储热系统设计

储热系统储热量为汽轮机的满负荷发电功率除以汽轮机发电效率，再乘以储热时长，具体公式如下。

$$Q_{\text{stored}} = \frac{Q_{\text{turbine}}}{\eta_{\text{turbine}}} \times t_{\text{stored}} \tag{3.10}$$

式中　Q_{stored}——储热系统储热量，MW·h；

　　　Q_{turbine}——汽轮机输出电功率；

　　　η_{turbine}——汽轮机发电效率；

　　　t_{stored}——储热时长，h。

例 3-3　50 MW 槽式电站，满足汽轮机满负荷发电 7.5 h，汽轮机进口蒸汽参数为：10.0 MPa，375 ℃。从储热系统提供热量发电效率为 0.38，则储热量计算为

$$Q_{\text{stored}} = \frac{Q_{\text{turbine}}}{\eta_{\text{turbine}}} \times t_{\text{stored}} = \frac{50}{0.38} \times 7.5 = 986.8 (\text{MW} \cdot \text{h})$$

因储热量又可用熔融盐从低温到高温吸收的热量计算，即如下公式

$$Q_{\text{stored}} = \eta \times (T_{\text{C}} - T_{\text{D}}) \times m \times c_p \tag{3.11}$$

式中　Q_{stored}——储热系统储热量，MW·h；

　　　T_{C}——高温熔融盐温度，℃；

　　　T_{D}——低温熔融盐温度，℃；

　　　η——储热效率；

　　　m——熔融盐质量，kg；

　　　C_p——熔融盐比热容，J/(kg·K)。

由此可知储热材料用量

$$m = \frac{Q_{\text{stored}}}{\eta \times (T_C - T_D) \times C_p} \tag{3.12}$$

该电站采用熔融盐作为储热材料，储热温度为 286~386 ℃，比热容为 1 495 J/(kg·K)，密度为 1 837 kg/m³。则储热熔融盐用量为

$$m = \frac{986.8 \times 3.6 \times 10^9}{1\,495 \times 0.9 \times (386 - 286)} = 26\,402.7(\text{t})$$

熔融盐体积

$$V_{\text{salt}} = \frac{26\,405.7 \times 10^3}{1\,837} = 14\,372.7(\text{m}^3)$$

熔融盐罐的容积包含所用熔融盐的体积、熔融盐泵液下部分所占的体积、顶盖下保温包所占体积和设计余量。

课件●

双罐熔融盐储热系统设计

三、双罐储热系统计算例题

例 3-4 某光热发电企业拟在青海格尔木投资兴建 50 MW 太阳能塔式电站一座，在项目可行性研究阶段需预估储热系统总的储热量、储热熔融盐耗量、储热系统投资成本。该项目建设地基本条件及设计参数如下：

①主要气象参数：

年平均气温：5.1 ℃；年日照时数：3 089.4 h；年平均风速：2.7 m/s；年平均空气相对湿度 32%；年平均总辐照量 6 901.3 MJ/m²。

②设计点：

时刻：春分日正午；

太阳辐照条件：设计点时刻太阳法向直射辐射值 DNI = 925 W/m²。

③吸热器、熔融盐储热系统及汽轮机组基本技术参数：

吸热器：杭州锅炉、熔融盐吸热器，工作温度 293~566 ℃，年均工作效率 68%~84%；

熔融盐储热系统：储热介质 KNO_3 + $NaNO_3$，工作温度 293~566 ℃，储热系统年均热效率 98%~99%，设计储热时长 6 h（即储热量为汽轮机组满负荷发电 6 h）、储热系统每天充热时长 6 h；

汽轮机组：杭汽股份、反动式冷凝汽轮机组，额定工作效率 34%~38%。

④储热系统：

采用双储罐系统储热；

熔融盐热物性参数：

$$C_p = 1\,443.2 + 0.172 \times T$$
$$\rho = 2\,090 - 0.636 \times T$$

熔融盐标价：4 500 元/t。

求：①计算储热系统总的储热量；

②计算储热系统所需的最少熔融盐耗量。

解析：塔式电站原理图如图 3-31 所示。

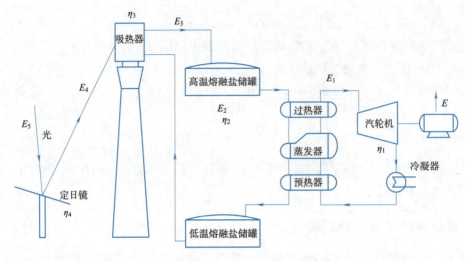

图 3-31 塔式电站原理图

(1) 汽轮机输入功率计算：

汽轮机输入功率 E_1 计算公式如下：

$$E_1 = \frac{E}{\eta_1}$$

式中　E——电站容量，50 MW；

η_1——汽轮机组效率，35%（根据题干给定的额定工作效率34%~38%，由设计者任取）。

则有

$$E_1 = \frac{E}{\eta_1} = \frac{50}{0.35} = 142.8 (\text{MW})$$

(2) 储热系统总储热量计算：

电站设计储热时长为 h_1，时长内总的储热量 E_2 计算如下：

$$E_2 = \frac{E_1}{\eta_2} \times h_1$$

式中　h_1——设计储热时长，6 h；

η_2——储热系统效率，98%；

则有

$$E_2 = \frac{E_1}{\eta_2} \times h_1 = \frac{142.8}{0.98} \times 6 = 874.3 (\text{MW} \cdot \text{h})$$

(3) 熔融盐用量计算：

熔融盐储热原理为显热储热，即有：

$$E_2 = C_p \cdot m \cdot \Delta t$$

式中　C_p——熔融盐平均工作温度下比热容；

Δt——熔融盐工作温差，即高温熔融盐储罐和低温熔融盐储罐中熔融盐温度之差。

$$\Delta t = 566 - 293 = 273 \ ℃$$

$$C_p = 1\ 443.2 + 0.172 \times T$$

式中　T——熔融盐平均工作温度，即高温熔融盐储罐和低温熔融盐储罐中熔融盐温度的算

术平均值,即

$$T = (566+293)/2 = 429.5(℃)$$

$$C_p = 1\,443.2 + 0.172 \times T = 1\,443.2 + 0.172 \times 429.5 = 1\,517.1[J/(kg \cdot K)]$$

则最小熔融盐耗量

$$m = \frac{E_2}{C_p \times \Delta t} = \frac{874.3 \times 10^6 \times 3\,600}{1\,517.1 \times 273} = 7.6 \times 10^3(t)$$

四、储热成本分析

储热的成本相对于储电是比较低的,而且有核心竞争优势,这才使太阳能光热发电在国内得到了比较快的发展。加上储热以后,可以给太阳能光热发电带来三个优点:一是稳定系统运行,提高发电效率;二是提高可调度性,延长发电时间;三是低成本的储热也有助于降低整体太阳能光热发电的成本。基于以上优势,太阳能光热发电可以成为基荷电力,同时可以提高电网容纳风电、光伏等新能源电力的能力。目前我国首批 20 个太阳能光热发电示范项目中,广泛使用的是双罐熔融盐储热系统,在槽式光热发电系统中多是间接储热,在塔式光热电站中一般是直接储热,这个储热技术相对来说比较成熟。

储热在太阳能光热发电总成本中占 15% 左右,为了大幅度降低太阳能光热发电的成本,需要降低储热的成本。在储热系统中,高低温储热罐体的成本大概占到了整个储热系统的 50% 左右,因此,储热罐体的成本是有下降空间的。图 3-32 所示为某一光热电站储热系统成本占比估算。

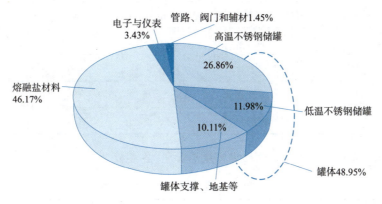

图 3-32 储热系统成本占比

熔融盐双罐储热是唯一得到大规模应用的储热技术,它的优势非常明显,由于把高温罐和低温罐分开放置,系统在放热时可以提供恒定温度的热源,部分充放热运行时性能优越,但是双罐熔融盐储热需要大量的熔融盐,这就导致成本比较高。罐体成本下降的措施之一就是研发单罐体储热系统,很多科研院所和太阳能光热发电企业都在研发新型的储热技术来代替双罐储热,以便降低成本。

思 考 题

1. 塔式太阳能光热发电有哪些特点?
2. 定日镜由哪几部分组成?
3. 定日镜大和小各有什么优缺点?
4. 塔式电站中的吸热器是什么结构? 一般用什么材料?
5. 塔式电站中的储热系统运行原理是什么? 储热时长是不是越长越好?
6. 塔式电站中的传热介质和储热介质一般用什么? 由什么物质组成? 具有什么特点?
7. 查资料介绍 1~2 个国内外的塔式光热电站(教材中介绍的除外)。
8. 已知某地年总 DNI = 1 750 kW·h/m², 年太阳平均辐照度为 950 kW/m², 年平均环境温度为 10 ℃。带 7.5 h 储热的 100 MW 塔式电站汽轮机参数见表 3-8。求该电站的定日镜聚光场面积和年发电量及镜场布置范围估算(效率在经验范围内选取)。

表 3-8 汽轮机参数

序号	内容	单位	数据
1	功率范围	MW	20~100
2	滑压工作范围(负荷)	%	20~100
3	蒸汽参数范围	MPa	4~10
4	额定功率	MW	100
	主汽压力	MPa	11.2
	主汽温度	℃	460~483
	额定进气量	t/h	450

9. 计算 100 MW 熔融盐塔式电站定日镜总面积, 各参数见表 3-9。

表 3-9 电站镜场面积计算

项目		数值	单位
电站基本设计条件	电站容量 E	100	MW
	电站设计点	春分日正午	
	设计点 DNI	1 000	W/m²
	储热时长 h	8	h
	设计充热时长 h_1	10	h

续上表

项 目		数 值	单 位
镜场面积计算	汽轮机组总效率 η_1	40	%
	储热系统效率 η_2	92	%
	定日镜场年均效率 η_3	60	%
	吸热器年均效率 η_4	78	%
	汽轮机额定输入热功率 Q_1		MW
	储能系统每天所需存储的热量 Q_2		MW·h
	储能系统充热功率 Q_3		MW
	设计点吸热器需要输出的热功率 Q_{rec}		MW
	所需定日镜场总面积 A		m²
造价估算	镜场单价 m		元/m²
	镜场总造价 $F = m \times A$		万元

10. 50 MW 塔式电站，储热系统满足汽轮机满负荷发电 10 h，汽轮机进口蒸汽参数为：10.0 MPa，425 ℃。从储热系统提供热量发电效率为 0.36，该电站采用熔融盐作为储热材料，储热温度为 293～550 ℃。对该电站的储热量、熔融盐用量、熔融盐体积及储热系统造价等进行计算或估算。

11. 某光热发电企业拟在甘肃敦煌投资兴建 60 MW 太阳能塔式电站一座，在项目可行性研究阶段需预估聚光集热镜场总面积及镜场总投资成本。该项目建设地基本条件及设计参数如下：

① 主要气象参数：

年平均气温：9.4 ℃；年日照时数：3 246.7 h；年平均风速：2.2 m/s；年平均空气相对湿度 46%；年平均总辐照量 6 882.2 MJ/m²。

② 设计点：

时刻：春分日正午；

太阳辐照条件：设计点时刻太阳法向直射辐射值 DNI = 910 W/m²。

③ 吸热器、熔融盐储热系统及汽轮机组基本技术参数：

吸热器：东方锅炉、熔融盐吸热器，工作温度 295～565 ℃，年均工作效率 70%～85%；

熔融盐储热系统：储热介质 $KNO_3 + NaNO_3$，工作温度 295～565 ℃，储热系统年均热效率 98%～99%，设计储热时长 6 h（即储热量为汽轮机组满负荷发电 6 h）、储热系统每天充热时长 8 h；

汽轮机组：杭汽股份、反动式冷凝汽轮机组，额定工作效率 34%～39%。

④ 定日镜场：

单块定日镜采光面积：100 m²；

镜场年均热效率：60%～68%；

镜场投资成本:760元/m²。

试解答以下问题:

①电站镜场总面积计算;

②镜场所需的最小定日镜数量;

③镜场总投资成本计算。

12. 某光热发电企业拟在新疆哈密投资兴建100 MW太阳能塔式电站一座,在项目可行性研究阶段需预估储热系统总的储热量、储热熔融盐耗量、储热系统投资成本。该项目建设地基本条件及设计参数如下:

①主要气象参数:

年平均气温:13.2 ℃;年日照时数:3 084.7 h;年平均风速:1.8 m/s;年平均空气相对湿度37%;年平均总辐照量6 037.2 MJ/m²。

②设计点:

时刻:春分日正午;

太阳辐照条件:设计点时刻太阳法向直射辐射值DNI = 895 W/m²。

③聚光集热器、熔融盐储热系统及汽轮机组基本技术参数

聚光集热器:中海阳、工作介质导热油,工作温度293~393 ℃;

熔融盐储热系统:储热介质$KNO_3 + NaNO_3$,工作温度293~393 ℃,储热系统年均热效率98%~99%,设计储热时长6 h(即储热量为汽轮机组满负荷发电6 h)、储热系统每天充热时长6 h;

汽轮机组:东方电气、反动式冷凝汽轮机组,额定工作效率33%~39%。

④储热系统:

采用双储罐系统储热;

熔融盐标价:4 600元/t。

试求解以下问题:

①简述目前塔式电站常用集热介质导热油、储热介质熔融盐$KNO_3 + NaNO_3$的组分、比例;

②计算储热系统总的储热量;

③计算储热系统所需的最少熔融盐耗量;

④储热系统熔融盐最小成本计算。

第四章

碟式光热发电技术

 导　　读

碟式斯特林光热技术多元化市场应用取得显著进展

碟式斯特林光热技术的多元化市场应用开发取得显著进展,据东方宏海新能源科技发展有限公司消息,2018年以来,该公司在碟式太阳能供暖、斯特林机垃圾焚烧发电等多元化市场领域取得显著突破,这对推动碟式光热技术和斯特林发动机的市场应用具有重要意义。

位于甘肃酒泉瓜州的锁阳城镇燃煤锅炉清洁能源改造项目于2018年11月开始建设,12月底集热并入管网进行供暖。该项目设计安装12台碟式太阳能聚光跟踪集热系统设备,一期共计安装6台碟式太阳能聚光跟踪集热系统设备+1台600 kW电锅炉设备,满足全镇(办公及公共设施建筑)供暖面积约7 000 m^2。

该项目采用东方宏海碟式太阳能聚光跟踪集热技术,高效地聚集太阳能量,通过防冻液介质将太阳能高温热量置换成60 ℃以上的热水进行供暖。系统设置了2×100 m^3储水罐,当太阳直射辐射值DNI平均在800 W/m^2时,全年集热量>3 000 GJ,经测试碟式太阳能集热设备的光热转化效率达到86%。

目前已经建成的一期项目6台碟式太阳能集热设备能够满足全镇白天时段供暖,夜间使用电锅炉低谷电加热进行供暖;二期再增加6台碟式太阳能集热设备共计12台碟式太阳能集热设备,能够满足全镇全天24 h供暖,当遇到连续2天以上阴雨无太阳天气,则系统自动启动电锅炉进行补充供暖。

据东方宏海方面数据,截至2019年2月,该项目一期(6台)供暖季节约用电86万kW·h,节约电费约45万~50万元/采暖季,每个采暖季节约标准煤约120 t,减少CO_2排放319 t,减少SO_2排放21 t,减少氮氧化物排放10 t。

斯特林机此前主要应用于航空航天、核潜艇等高端领域。宏海新能源经过多年的坚持,现已成功地将国产斯特林机的成本降低至商业化市场可接受范围内。在余热回收领域、垃圾发电、生物质能等民用市场,斯特林机都具有广阔的应用前景。

多年的坚持终于迎来突破,2019年1月5日,东方宏海与重庆市华茂投资有限责任公司合作开发垃圾焚烧发电项目战略合作协议签字仪式举行,该项目采用斯特林发电技术,填补了国内150 t以下中小型垃圾焚烧发电项目的技术空白,开创了中小型企业垃圾焚烧发电项目的先河,更开创了斯特林发动机在垃圾发电市场的应用先例。

——摘自CSPPLAZA网

太阳能光热发电技术

知识目标

1. 掌握碟式光热发电系统的组成、特点、关键设备;
2. 掌握碟式光热发电系统聚光器形式、接收器的结构与分类;
3. 掌握斯特林发动机的原理及运行过程;
4. 了解一些国内外运行的碟式系统。

能力目标

1. 能够认识区分内燃机和外燃机;
2. 能够列举碟式发电系统的优缺点;
3. 能够阐述碟式系统的原理及发展趋势。

素质目标

1. 领悟创新给碟式系统带来的发展前景,培养学生具备创新意识;
2. 培养学生扎实学习专业知识、坚持实干的精神;
3. 理论是实践的基础和依据,培养学生理论知识和实践都要两手抓的学习态度。

碟式光热发电技术主要利用旋转抛物面反射镜进行聚光,其可以做成小型的独立发电系统,也可以做成大规模的并网发电系统。本章将主要介绍碟式光热发电系统的组成与特点、碟式太阳能接收器、斯特林发动机等。

第一节 碟式光热发电系统组成与特点

一、碟式光热发电系统组成

碟式光热发电系统由旋转抛物面聚光器、跟踪控制系统、热动力发电机组、储能装置和监控系统,以及电力变换和交流稳压系统构成一个紧凑的独立发电单元,如图4-1所示。有别于槽式、塔式电站,碟式太阳能光热发电装置可以单台或多台并联组成大型电站发电。

碟式光热发电基本工作原理可描述为在旋转抛物面聚光器焦点处配置接收器或热动力发电机组,直接加热工质,推动热动力发电机组发电。

根据热力循环原理的不同,碟式太阳能装置可分为两种:一是太阳能蒸汽朗肯循环热动力发电(直接或间接产生高温高压蒸汽,驱动汽轮机组);二是太阳能斯特林循环热动力发电(通过斯特林发动机组直接推动发电机发电)。碟式光热发电系统效率计算可表达为:

$$\eta = \eta_{re} \times \eta_{sp} \times \eta_{cos} \times \eta_{cl} \times \eta_{rec} \times \eta_{e} \times \eta_{g} \times \eta_{avr} \tag{4.1}$$

式中 η_{re}——镜反射效率;

η_{sp}——捕集效率;

η_{cos}——玻璃镜有效照射率;

η_{cl}——玻璃镜清洁系数;

η_{rec}——集热效率(含集热器反射率和发射率等);

η_e——斯特林发动机效率;

η_g——发电机效率;

η_{avr}——机组年均运行效率(机组的平均负荷率)。

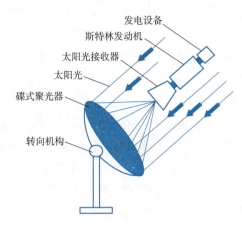

图 4-1 碟式光热发电系统组成

二、碟式光热发电系统的特点

碟式光热发电系统具有如下特性:①高聚光比,聚光比范围为 500~2 000;聚光表面温度范围可达 1 000~1 300 ℃;②效率较高,可达 28%~30%;③单个碟式旋转抛物面面积不可能太大,因此功率范围为 1~50 kW;④太阳能利用效率较高,据国外文献报道,某一碟式系统可将 85.6 kW 的辐射能转化成 26.75 kW 的电能,保持了太阳能利用最高效率 31.25%;⑤发电规模灵活,安装简便,光电直接转换,无须水源,可建在缺水的西部沙漠地区。

碟式光热发电系统的关键设备主要为斯特林发动机,无储热,太阳光直接加热斯特林发动机的加热器,当有阳光时可以进行光到电的转换,当无阳光时便停止发电,类似于光伏系统。

碟式太阳能光热发电系统是利用旋转抛物面的碟式反射镜将太阳聚焦到一个焦点;碟式系统的太阳能接收器也不固定,随着碟形反射镜跟踪太阳的运动而运动,克服了塔式系统较大余弦效应的损失问题,光热转换效率大大提高;碟式接收器将太阳聚焦于旋转抛物面的焦点上,而槽式接收器则将太阳聚焦于圆柱抛物面的焦线上,因此碟式接收器可以产生高温。

碟式光热转换效率高达 85%,使用灵活,既可以作为分布式系统单独供电,也可以并网发电。尽管碟式系统的聚光比非常高,可以达到 2 000 ℃ 的高温,但是对于目前的光热发电技术而言,如此高的温度并不需要甚至是具有破坏性的。所以,碟式系统的接收器一般并不放在焦点上,而是根据性能指标要求适当地放在较低的温度区内,因此高聚光度的优点实际上并不能得到充分发挥。

课件●

碟式电站组成与特点

微课●

碟式电站组成与特点

三、碟式太阳能热发电系统的发展历程

20世纪70年代，碟式太阳能热发电由瑞典Kochums、美国福特、麦道、南加州爱迪生和美国DOE发起研究。1983年，美国加州喷气推进实验室完成了盘式斯特林太阳能热发电系统，其聚光器直径为11 m，其发电功率最大时为24.6 kW，转换效率为29%。1984年，美国SAIC公司研发了25 kW张膜式聚光碟，称为SAIC/STM系统。1992年，德国一家工程公司研发了发电功率为9 kW的碟式发电系统，到1995年3月底，该系统累计运行了17 000 h，峰值效率为20%，月净发电效率为16%。1993年，澳大利亚ANU公司建设了400 m^2 的碟式电站。1996年，美国SES公司研发了25 kW的碟式发电单元，峰值输出功率为24.9 kW，峰值热电转换效率为29.4%。2003年，SES公司与美国SNL公司合作研发改进聚光碟，聚光碟的抛物面由内外两圈组成，内圈由13块聚光镜片拼接，外圈由27块拼接，聚光镜结构改进后质量减少了4 500~5 400 kg。2009年8月到2010年1月，SES公司联合Tessera Solar公司，在亚利桑那建设了总容量为1.5 MW的小规模商业化太阳能光热发电站。2011年，瑞典Cleanergy继承了德国SOLOV161技术，开拓国外市场，于2012年建设了鄂尔多斯100 kW，2014年在迪拜建设了110 kW的碟式发电系统。2012年美国Infinia公司建立了1.5 MW碟式电站，单个碟式机组容量为3.5 kW。

我国研发碟式发电技术的单位主要有上海齐耀动力、西航动力、杭州聚达、东方宏海、湖南湘电集团、中科院电工研究所。上海齐耀动力在2011年开始对碟式系统进行研发，对整套系统拥有了完全知识产权；之后完成了上海100 kW（由4台25 kW机组构成）示范系统；优化了25 kW机组，推进产业化发展。西航动力在2010年研制成功了20 kW的样机，在2012年研制成功了30 kW的样机。杭州聚达收购了SES公司在maricopa的1.5 MW电站的60台机组，推进了国产化设备和商业化应用。东方宏海与瑞典Cleanergy合作，于2012年在鄂尔多斯建立了100 kW的碟式示范项目，之后在张家港成立了斯特林产业基地，进行了产业化布局。湖南湘电集团1985年就成功研制出我国第一台6 kW碟式太阳能热发电系统，后相继于2011年收购美国斯特林生物质发电技术公司SBI，2012年收购碟式斯特林光热发电技术公司SES的技术资产加快了碟式光热发电技术的应用和推广步伐，拥有了38 kW、25 kW和15 kW三种型号的碟式光热发电系统的研发和批量化生产能力。中科院电工研究所于2000年到2005年间，研发了国家863项目10 kW碟式斯特林发电系统；2007年到2015年间为多所高校研制了碟式聚光器。

四、国内外典型的碟式系统举例

1. maricopa碟式系统

美国SES Tessera Solar于2010年建设了maricopa碟式项目，位于美国亚利桑那州，总装机容量为1.5 MW的示范项目，单个碟式系统容量为25 kW，共60套碟，年光电转化效率为26%，是世界上第一个商业应用的碟式系统。图4-2所示为maricopa碟式系统。

图 4-2 maricopa 碟式系统

2. SunCatcher 系统

SunCatcher 系统是美国 SES 公司研发的碟式系统,该系统标称功率为 25 kW,由 82 面小聚光镜拼接而成,聚光器开口面积为 87.7 m^2,焦距为 7.45m,聚光比为 7 500,峰值效率达 31.25%,斯特林发动机内的工作介质为氢气,吸热器开口尺寸为 20 cm。图 4-3 所示为 SunCatcher 系统。

图 4-3 SunCatcher 系统

3. 我国第一个碟式示范电站

2012 年由内蒙古华原集团、瑞典科林洁能公司、东方宏海新能源发展有限公司共同建设的中国第一个碟式斯特林光热示范电站正式投运,该电站位于内蒙古鄂尔多斯,由 10 台 10 kW 的碟式斯特林发电单元组成,总装机容量为 100 kW,年发电量为 20 万~25 万 kW·h。该电站的斯特林发电机采用了 C11S 型机型,额定输出功率为 11 kW。采用了 α 双缸系统,分开配置单动式的膨胀与压缩活塞,发电效率达到了 25%,同时保证了较长时间的免维护运行。图 4-4 所示为我国第一个碟式示范电站。

图 4-4　我国第一个碟式示范电站

4. 湘电集团 38 kW 碟式光热发电系统

湘电集团 38 kW 碟式聚光系统的主要特点是采用了直径达 17.2 m 的超大面积的满圆式反射镜设计,聚光比高达 1 800 倍;系统效率为 28% 以上,运行环境温度为 -30 ~ +70 ℃,最大安全风速为 25 m/s,设计寿命为 25 年。图 4-5 所示为湘电 38 kW 碟式光热发电系统。

图 4-5　湘电 38 kW 碟式光热发电系统

5. 碟式太阳能 + 燃气锅炉清洁能源供热示范项目

东方宏海新能源科技发展有限公司自 2016 年起在碟式跟踪系统及斯特林发动机的其他应用领域进行了大胆探索,先后开发出了碟式太阳能供暖、供蒸汽系统,用于沼气、油田伴生物质燃烧发电的燃气式斯特林发电系统,以及用于垃圾焚烧发电、生物质秸秆焚烧发电的热气式斯特林热电联产系统。在 2019 年建设了全国首个碟式太阳能 + 燃气锅炉清洁能源供热示范项目,该项目位于内蒙古鄂尔多斯市鄂托克旗木凯淖尔镇,供热面积达 28 000 m²,主要为太阳能碟式热利用系统 + 储热系统 + 蒸汽发生系统 + 燃气锅炉的系统配置,一期安装了 18 台碟式太阳能聚光跟踪集热系统和一台燃气锅炉,不仅能为全镇全天 24 h 供暖,还能为企业提供工业蒸汽、工业热水,实现太阳能高效利用;每年可为当地节约 1 000 t 标准煤,减少 CO_2 排放 2 600 t。图 4-6 所示为碟式太阳能 + 燃气锅炉清洁能源供热系统。

图 4-6　碟式太阳能 + 燃气锅炉清洁能源供热系统

第二节　碟式太阳能聚光器

每个碟式太阳能光热发电系统都有一个旋转抛物面反射镜用来汇聚太阳光,该反射镜一般为圆形像碟子一样,故称为碟式反射镜。由于反射镜面积小则几十平方米,大则数百平方米,很难造成整块的镜面,因而单台碟式反射镜一般是由多块镜片拼接而成。一般几千瓦的小型机组用多块扇形镜面拼成圆形反射镜;也有用多块圆形镜面组成,大型的一般用许多方形镜片拼成近似圆形反射镜。碟式太阳能聚光器形式可分为小聚光镜组合式、镜面张膜式、聚光镜拼接式,如图 4-7 至图 4-9 所示。

图 4-7　小聚光镜组合式

图 4-8　镜面张膜式

图 4-9　聚光镜拼接式

小聚光镜组合式是由小型曲面镜拼接，曲面较平坦；结构简单，造价低；有间隙，面积利用率低。镜面张膜式分为单镜面和多镜面，单镜面采用两片厚度很薄的不锈钢板，周向焊接固定在圆环上，通过液压气动载荷将面向太阳的薄板压成抛物面形状后，保持真空度；造价低，安装简单；但是需要保持真空度，否则一旦真空度失去不能保持面型，难以聚焦。聚光镜拼接式与大型抛物面天线类似，将圆形抛物面沿直径方向切为若干块，以无缝拼接的形式固定在旋转抛物面支架上；面积利用率高，精度高。

拼接用的镜片都是抛物面的一部分，不是平面，多块镜面固定在镜面框架上，构成整片的旋转抛物面反射镜。整片的旋转抛物面反射镜与斯特林机组支架固定在一起，通过跟踪转动装置安装在机座的支柱上，斯特林机组安装在斯特林机组支架上，机组接收器在旋转抛物面反射镜的聚焦点上。跟踪转动装置由跟踪控制系统控制，保证抛物面反射镜对准太阳，把阳光聚集在斯特林机组的接收器上。

第三节 碟式太阳能接收器

在斯特林发动机前端有太阳光的接收器也就是斯特林发动机的加热器,常用的两种结构为直接式太阳能接收器和间接式太阳能接收器。直接式太阳能接收器温度分布极不均匀;发电不稳定,不均匀;工质多为氦气或氢气,传热快,换热性能好,热流密度为300~800 kW/m²。图4-10所示为直接式集热器。

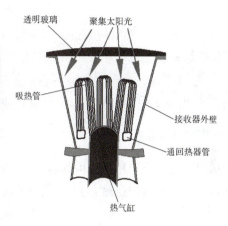

图4-10 直接式集热器

直接式太阳能接收器的U形吸热管一头直接通到斯特林发动机的热气缸上,另一头连通到通往回热器的汇集管上,多根U形管密集排成一圈组成管簇,构成斯特林发动机的加热器。U形管向圆中心外侧弯曲,整个管簇犹如盘状,以便接收汇聚的太阳光。U形管管簇有较大的接收阳光面积与较好的流通性,使高速通过的工质迅速得到加热。由于太阳光直接照射在加热器管簇上,直接加热内部的工质,故称为直接加热式接收器。加热器管簇安装在接收器外壁内,在前方有透明度很高的石英玻璃保证太阳光照射在管簇上。

间接式太阳能接收器属于相变换热,利用碱金属(钠、钾,钠钾合金等)在液态与气态之间进行转换,具有较低的饱和蒸汽压力,较高的气化潜热;热量传递快、容量大,温度恒定;有相变式、热管式、混合式等。图4-11所示为间接式太阳能接收器。

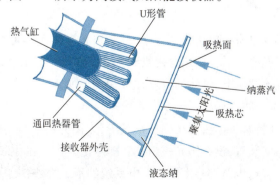

图4-11 间接式太阳能接收器

斯特林发动机的加热器由密集排成一圈的 U 形管簇组成，U 形吸热管一头直接通到斯特林发动机的热气缸上，另一头连通到通往回热器的汇集管上。

接收器外壳呈圆台状，直径小的一端与气缸端密闭，直径大的一端为汇聚的太阳光入口，入口端的密封板是吸热面，接收器内抽真空，注入适量钠液。

有钠液的接收器工作原理类似热管，聚集的太阳光加热钠液，钠液被加热到约 700 ℃ 蒸发，钠蒸汽上升遇到比它温度低的 U 形管，把热量传给 U 形管后钠蒸汽又凝结成钠液，钠液由于重力流回吸热板，在阳光加热下又蒸发为蒸汽，整个接收器内部空间呈汽液两相共存状态，就是一个大热管。

为增加钠液与吸热板的接触面积，在吸热板内面有一层特殊结构能吸附钠液使之不流下，称为吸液芯结构。也可以在吸热板内壁刻许多密集的微型孔槽，阻止钠液下流，称为微槽板结构。

间接式集热器系统包括相变式、热管式和混合式集热器。

1. 相变式集热器

太阳辐射能聚集到相变式集热器上，使内部液态金属介质受热气化产生相变，产生的气体金属冷凝到斯特林机的换热管上，将热量传递给换热管内的工作介质，冷凝后的金属液体由重力作用返回到集热器，完成一个热力工质的循环。相变式集热器结构简单，加工成本较低，适用性强，可以在大倾角下工作；蒸汽直接与热机换热管热交换，效率较高；液体金属充装量较多，质量大、价格高，存在泄漏危险；液体金属工作时处于沸腾状态，存在不稳定、热态再启动及溢流等问题。

● 课件

碟式聚光器形式与集热器结构

2. 热管式换热器

热管式换热器的内部放置了毛细液芯，引导液态金属在集热管内的分布，使热量传递均匀。受热面为拱顶形，腔室内布有吸液芯，采用毛细吸液芯结构将液态金属均布在加热表面；吸液芯可以采用不锈钢丝网、金属毡等，液态金属加热后产生蒸汽，蒸汽加热热机换热管，蒸汽冷凝后靠重力流回到换热管表面开始下一循环；液态金属可以始终处于饱和状态，从而使受热更加均匀，提高了接收器的寿命和可靠性。

● 微课

碟式聚光器形式与集热器

3. 混合式集热器

太阳能光热发电系统要达到稳定运行，必须考虑阳光不足时或夜间的能量补充，使系统能够连续发电。混合式热管接收器就是以燃气作为能量补充的接收器，具有适应性强可以实现连续供电、供热的特点，但是由于燃烧系统的加入导致其结构复杂，制造难度较大，成本大幅度提高。

碟式太阳能使用的斯特林发电机组结构非常紧凑，太阳光的热量直接加热了斯特林发动机的加热器，没有热能存储装置，没有阳光机组就立即停止运转，不像槽式、塔式太阳能发电系统都有储热装置，相比起来这也是碟式太阳能发电系统的不足之处。

第四节　斯特林发动机

斯特林发动机是一种外燃机,依靠发动机气缸外部热源加热工质进行工作,发动机内部的工质通过反复吸热膨胀、冷却收缩的循环过程推动活塞来回运动实现连续做功,是碟式斯特林发电系统中的核心部件。碟式抛物面聚光镜的聚光比范围可超过1 000,能把斯特林发动机内的工质温度加热到650℃以上,使斯特林发动机正常运转起来。在机组内安装有发电机,与斯特林发动机连接,斯特林发动机的机械输出有直线运动或旋转运动,可带动直线发电机或普通旋转发电机。

由于热源在气缸外部,方便使用多种热源,一些新能源如生物质能、地热,特别是太阳能都是斯特林发动机的动力源泉,当前对新能源的渴求给斯特林发动机带来了广阔的应用前景。斯特林发动机是苏格兰物理学家、热力学家——Robert Stirling 在 1816 年申请的专利,属于热机、外燃机,理论效率可以实现最大效率——卡诺循环效率。

一、外燃机工作原理实验图解

热机中应用最广的就是内燃机,燃油在气缸中燃烧使气体压力上升推动发动机做功,目前汽车、船舶、飞机就是用内燃机作为动力,但燃油作为内燃机的燃料已日益枯竭。如果燃料不是在气缸内部燃烧,就不需要昂贵的纯净燃油了,可以用多种燃料,如生物质能、地热能,特别是直接用太阳能。利用燃料在气缸外加热气缸内的工作介质来做功的发动机称为外燃机。斯特林的具体工作原理类似如下实验原理。

如图4-12(a)所示把橡皮绑在容器口上,受热时橡皮会膨胀,如图4-12(b)所示,冷却时橡皮会收缩,如图4-12(c)所示。

(a)容器与橡皮　　　　(b)把空气加热　　　　(c)冷却空气

图 4-12　斯特林的具体工作原理

如果放入一个移气器(Displacer)到容器内,而这个移气器的直径比容器的内径小一些,当移气器自由上下移动时,即可以把容器内的气体挤下或挤上。如果在容器底端加热,而在容器上端冷却,使上下两端具有足够的温差,即可看见此时橡皮会不断膨胀及收缩。其原理如下:当移气器上移,容器内的气体被挤至容器底端,此时由于容器底端加热,因此气体受热,压力变大,此压力经由活塞与容器间的空隙传到橡皮,使得橡皮会膨胀,如图4-13 所示。

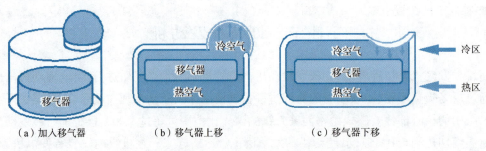

(a)加入移气器　　　　　(b)移气器上移　　　　　(c)移气器下移

图4-13　将移气器放入容器内

相反的,若施以适当的力量把移气器下移,则容器内的气体被挤至容器上端,此时由于容器上端为冷却区,因此气体被冷却,使气体温度降低,压力变小,而使得橡皮会收缩。如此不断使移气器自由上下移动,即可看见此时橡皮会不断膨胀及收缩。由此,可知移气器的功能主要在于移动气体,使气体在冷热两端之间来回流动。我国台湾成功大学航空太空工程学系郑金祥教授把Displacer翻译为"移气器",更为贴切,也不容易混淆,不会使人误以为它的作用与输出功率的动力活塞一样。

要让移气器上下移动,只要将移气器与一曲轴连接,如图4-14(a)所示。当曲轴旋转时,移气器就会被带上及带下。将移气器与曲轴连接完毕之后,在容器底端加热上端冷却,只要用手转动曲轴,使得移气器移上及移下,此时橡皮便会重复膨胀及收缩,如图4-14(b)与(c)所示。

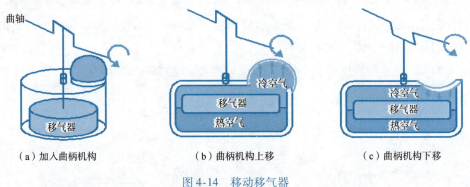

(a)加入曲柄机构　　　　　(b)曲柄机构上移　　　　　(c)曲柄机构下移

图4-14　移动移气器

橡皮的膨胀及收缩运动,可以转换为动力输出,此时,橡皮的作用即如同一动力活塞。可以另加一根连杆接到上述曲轴上,便可将橡皮的膨胀及收缩运动转换为曲轴的旋转运动。连接到移气器的曲轴部位与连接到动力活塞的曲轴部位必须呈固定的角度差,一般是90°,如图4-15(b)与(c)所示。橡皮的膨胀及收缩所产生的曲轴的旋转运动提供了移气器上下移动的力量,多余的力量则可以输出。必须注意的是,移气器本身不会动,而是被曲轴带动,动力来源是动力活塞。

如图4-15(b)所示,当移气器移到最顶点的位置时,底部加热空间最大,此时所产生的压力也最大,当移气器移到最低点的位置时,顶部冷却空间最大,此时所产生的压力也最小,如把动力活塞的曲柄连接到曲轴水平位置最远的地方时可产生最大的扭力,此时可看到连接到移气器的曲轴部位与连接到动力活塞的曲轴部位呈90°的角度差,该角度称为相位角。曲柄连接到曲轴水平的位置也决定了引擎旋转方向。上述条件为静态环境的结果,当随着引擎的转速、负载、温度及使用气体的不同则会有不同的最佳相位角,一般以90°作为通用的相位角。

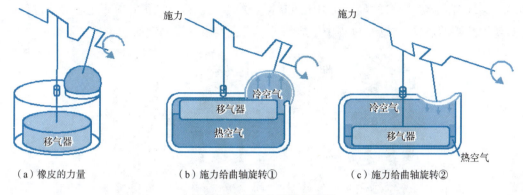

图 4-15　橡皮的膨胀与收缩

如果只有上述零件,引擎还是不能运转。因为利用橡皮的膨胀或收缩,并无法让曲轴旋转一整圈。因此,必须加上一个有旋转惯性的设备,即"飞轮",才能达成连续的运转。一般采用的是圆形飞轮,如图 4-16(a) 所示。如果除了惯性需求外,还要考虑平衡问题,则在曲轴旋转面的另一端加一配重物充当飞轮,便可解决平衡问题。

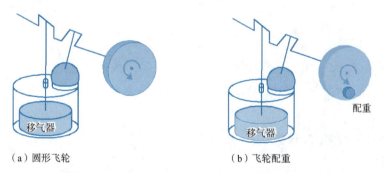

图 4-16　添加有旋转惯性的设备

二、斯特林发动机的运行过程

斯特林发动机是独特的热机,因为理论上的效率几乎等于理论最大效率,称为卡诺循环效率。斯特林发动机是通过气体受热膨胀、遇冷压缩而产生动力的。这是一种外燃发动机,使燃料连续燃烧,蒸发的膨胀氢气(或氦气)作为动力气体使活塞运动,膨胀气体在冷气室冷却,反复进行这样的循环过程。图 4-17 所示为斯特林循环的 p-V 图和 T-S 图。

① $d \rightarrow a$ 定温压缩过程:配气活塞停留在下止点附近,动力活塞从它的下止点向上压缩工质,工质流经冷却器时将压缩产生的热量散掉,当动力活塞到达它的上止点时压缩过程结束。

② $a \rightarrow b$ 定容回热过程:动力活塞停留在它的上止点附近,配气活塞上行,迫使冷腔内的工质经回热器流入配气活塞上方的热腔,低温工质流经回热器时吸收热量,使温度升高。

③ $b \rightarrow c$ 定温膨胀过程:配气活塞继续上行,工质经加热器加热,在热腔中膨胀,推动动力活塞向下并对外做功。

④$c \rightarrow d$ 定容储热过程：动力活塞保持在下止点附近，配气活塞下行，工质从热腔经回热器返回冷腔，回热器吸收工质的热量，工质温度下降至冷腔温度。斯特林循环效率分析针对理想 stirling 循环，在定容回热过程 $a \rightarrow b$ 中工质从回热器中吸收的热量正好等于定容储热过程 $c \rightarrow d$ 中放给回热器的热量，在这个过程中工质与外界没有发生热量的交换。

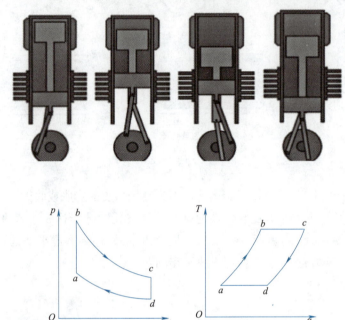

（a）p-V 图　　　（b）T-S 图

图 4-17　斯特林循环的 p-V 图和 T-S 图

三、斯特林发动机的分类

斯特林发动机可分为 α 型斯特林机、β 型斯特林机、γ 型斯特林机。α 型斯特林机有两个独立的动力活塞，热活塞密封，精密加工；β 型斯特林机是隔离活塞，直线型气缸，斯特林申请专利机型，工艺易实现，最适用机型；γ 型斯特林机与 β 型斯特林机类似，但动力活塞和隔离块分开，也是最适用机型，如图 4-18 所示。

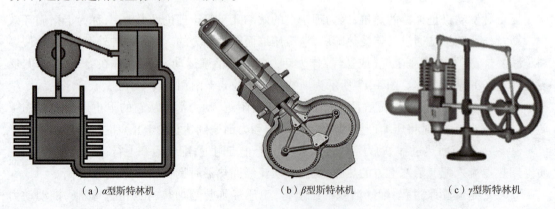

（a）α 型斯特林机　　　（b）β 型斯特林机　　　（c）γ 型斯特林机

图 4-18　斯特林发动机的分类

四、斯特林发动机的主要难点

课件●

碟式斯特林发动机

斯特林发动机由于使用氢气和氦气作为工质,非常容易泄漏,因此其密封技术、密封件的可靠性和寿命的保证难度较大。单缸配气式斯特林发动机的结构,在密封技术上,斯特林机采用活塞密封和活塞杆密封的动密封,活塞密封上,配气活塞的压差小,温差大,不需要密封;动力活塞压差大,温差小,采用活塞环进行密封,不能用润滑油。活塞杆密封采用橡胶卷筒式密封、滑动密封、自紧式密封、油腔式密封。动密封对材料的要求主要表现在:具有自润滑性,摩擦系数低;耐磨性好;耐热性好,导热性能好;尺寸稳定性好,线胀系数小;抗压强度和耐蠕变性好;对金属无腐蚀性;加工成型性好;成本低廉。斯特林发动机的热头温度高达1 000 ℃,压力高达20 MPa,其寿命决定发动机整体寿命,因此对热头耐高温性等要求较高。

思 考 题

1. 碟式光热发电系统的特点是什么?关键设备有哪些?
2. 什么是外燃机?
3. 斯特林发动机的原理是什么?
4. 斯特林发动机的技术瓶颈是什么?
5. 碟式太阳能聚光器有哪几种形式?
6. 碟式太阳能接收器有哪几种形式?
7. 查资料介绍1~2个碟式太阳能光热电站。

第五章 线性菲涅尔光热发电技术

导读

51.765万 kW·h！兰州大成敦煌50 MW熔融盐线性菲涅耳式光热电站满载发电表现抢眼

敦煌50 MW熔融盐线性菲涅耳式光热电站在2021年5月5日实现满载发电,单日发电量达到51.765万 kW·h,为单日发电量新高。作为全球首座正式投入商运的商业化熔融盐线性菲涅耳式光热电站,此发电量数据意义重大。

兰州大成敦煌50 MW熔融盐线性菲涅耳式光热电站总体技术方案提供方为兰州大成,采用其自主创新并具有自主知识产权的兰州大成线性菲涅耳式熔融盐太阳能聚光集热系统——即采用高聚光倍数、高温熔融盐真空集热管,抗风能力强、占地节省、运营维护方便,适应我国西部环境、高可靠性的线性菲涅耳式聚光器;采用熔融盐作为高温集热、传热、储热和换热介质;项目匹配使用常规高温高压参数的汽轮发电机组,发电效率高,设备国产化率>97%,并通过采用一系列自主创新,具有我国特色、达到国际先进水平的产业工程技术与装备,培育出国内太阳能光热电站完整产业链。

"3060"双碳目标的提出,推动了我国可再生能源的广泛应用,助推以新能源为主体的新型电力系统建设。而经过首批太阳能光热示范项目的实战之后,初步形成具有自主知识产权的产业链。此外,太阳能光热电站系统可以实现热电联产,在有特定需求的负荷区,其更加灵活多样的供能形式将可满足各方的多样化需求。因此,在当前的可再生能源品类中,太阳能光热发电稳定、可调的技术特点,决定了其很可能是未来取代燃气发电甚至煤电,成为稳定清洁的调节电源的最佳选择。

兰州大成敦煌50 MW熔融盐线性菲涅耳式光热电站发电量再创新高,再次证明太阳能光热发电技术门槛已经不再是太阳能光热发电系统大规模部署的障碍,其可连续长周期稳定运行的优势将不断凸显,可发挥支撑高比例可再生能源发展,保供电的"压舱石"的作用。

——摘自CSPPLAZA网

知识目标

1. 掌握线性菲涅尔光热发电系统的组成、特点、关键设备;
2. 掌握线性菲涅尔集热器结构;
3. 了解一些国内典型的线性菲涅尔电站。

第五章　线性菲涅尔光热发电技术

能力目标

1. 能够阐述菲涅尔光热发电原理；
2. 能够列举出菲涅尔发电系统的特点；
3. 能够对四种光热发电方式进行对比；
4. 能说出国内外一些已建的菲涅尔电站。

素质目标

1. 领悟科技兴国的道理；
2. 培养学生精益求精的工匠精神；
3. 培养学生干一行爱一行的品质；
4. 向建设"世界首座"熔融盐线性菲涅耳光热电站的行业领先精神学习；
5. 敬仰国家的科研水平，培养具有爱国、为国奉献的精神，要有敢为人先和刻苦钻研的干劲。

菲涅尔聚光技术的名称来源于法国物理学家 Augustin-Jean Fresnel 在18世纪为灯塔开发的菲涅尔透镜，该镜片的原理是将标准镜片的表面连续切割成一组具有不连续性的表面，这样一来，透镜的厚度明显减少，但是透镜的成像质量下降了。线性菲涅耳主聚光镜为条形平面玻璃反射镜，每条反射镜两端有转轴，其轴线与条形反射镜中轴线平行，贴近条形平面玻璃反射镜反面，每个反射镜可绕转轴转动，有独立的驱动装置，是一个单轴太阳跟踪反射镜。若干个条形平面玻璃反射镜组成整套的单轴太阳跟踪聚光反射镜系统。由于条形平面玻璃反射镜不具备聚焦能力，故该线性菲涅尔反射镜属非成像聚光装置。本章主要介绍线性菲涅尔光热发电系统的组成与特点、菲涅尔电站简介。

第一节　线性菲涅尔光热发电系统的组成与特点

线性菲涅尔光热发电系统（见图5-1）利用线性菲涅尔反射镜聚焦太阳能于集热器，直接加热工质水。工质水依次经过预热区、蒸发区和过热区后形成高温高压的蒸汽，推动汽轮机发电。反射镜和集热器合称聚光系统，由主反射镜场、接收器和跟踪器3部分组成。

图5-1　线性菲涅尔光热发电系统

菲涅尔光热发电技术可称为槽式技术的特例，其基本原理与槽式技术类似；聚光比一般为10～80，年平均效率10%～18%，峰值效率20%，蒸汽参数可达250～500 ℃。与槽式的不同之处在于其使用平面反射镜，同时其集热管是固定式的。菲涅尔光热发电的建设成本相比槽式技术来说低一些。

菲涅尔光热发电技术的综合性优点体现在其结构更加简单，固定式的集热管配套简单的管道系统，不需要活动的管道连接装置；对传热介质的选择更加灵活，因为固定式的集热管可以更好地适应不同类型的传热介质，包括水、导热油、熔融盐等；当使用熔融盐做传热介质时，可与后面的熔融盐储热系统搭配应用。

● 课件

菲涅尔电站组成与特点

菲涅尔光热发电区别于槽式光热发电技术的最大优点在于可以使用更加廉价的平面玻璃作为反射镜，这种镜子的生产相对槽式抛物面镜的生产成本要低很多；同时，其镜子的支撑结构更加简单，整个光场系统建设所需的钢材和混凝土的消耗量也会大大下降。

● 微课

菲涅尔电站组成与特点

菲涅尔光热发电镜场系统的反光镜安装密度更大，使其占用土地面积相对更小；菲涅尔技术的光场集热系统的设备制造成本和安装成本都较槽式技术更具优势；另外，由于菲涅尔反光镜是固定位置的，同时以微小的倾斜角度平放，这使其可以保持较好的结构稳定性，降低集热损失，减少因大风造成的反光镜被破坏的概率；更为重要的是，同样一根集热管，对应的菲涅尔反光镜镜面更大，反射的热量也更多，同样功率的电站，相比槽式来说，菲涅尔电站中所使用的集热管数量会减少，对于造价高昂的集热管来说，可大大降低电站整体成本。

第二节　菲涅尔集热器

菲涅尔聚光器的接收器在实际应用中是反扣朝向下的，接收器有一定的宽度，宽度与条形反射镜宽度相近，窄了会漏掉反射光，宽了会过多遮挡到条形反射镜的阳光。线性菲涅尔反射镜由平面镜构成，通过机械弯曲有一定的小曲率，对于略带弧形的条形反射镜，接收器宽度可窄一些，只有当反射镜足够窄时，才有可能不断将直接辐射反射到固定的吸收管上。反射镜之间的间隙不应太大，较大的间隙意味着较大的集光器宽度，而远处的反射镜没有采光面积增益。另一方面，间隙不应该太小，因为小的间隙意味着更高的阴影和镜反射像之间的阻塞。对于具有高反射精度的系统而言，最佳间隙比具有较低反射精度的系统更大。

最简单的接收器结构是排管式结构，采用多根集热管排在一起，管外壁涂覆有吸热体涂层，排管宽度接近条形反射镜宽度，排管安装在一个平底槽内，如图5-2所示。

对于抛物面槽式，太阳始终位于光轴平面内，而菲涅尔则不同，一整天内，太阳与系统的光轴平面有不同的位置，所以必须减少菲涅尔集热器不可避免的光学不准确性并改善截距因子，因此在线性菲涅尔系统中，一般会增加二次聚光装置，如图5-3所示，二次聚光器的主要任务是增加截距因子，同时也提高了聚光比。二次聚光器增加截距因子而不增加吸收器直径，这意味着入射辐射能更有效地使用，而不会产生较高的热损失。

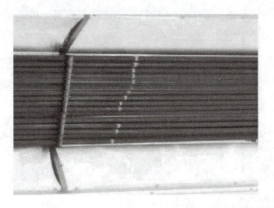

图 5-2 排管式结构集热器

图 5-3 二次聚光器

二次聚光器中的绝热材料减少了聚光器因对流而损失的热量,下面的玻璃板具有较高的透光性,反射镜反射过来的光线可以透过玻璃板到达吸热管,同时玻璃板也减少了与环境的对流散热量。此外,玻璃板也降低了辐射热损失。

第三节 线性菲涅尔光热电站介绍

一、华能三亚 1.5 MW 菲涅尔光热发电示范项目

由华能集团自主研发的我国首套线聚焦直接蒸汽式太阳能光热发电装置在海南三亚投入运行。该装置太阳能集热系统功率为 1.5 MW,可产 400~450 ℃ 过热蒸汽,与华能南山电厂的联合循环发电系统组成了我国第一个太阳能光热与天然气发电的混合式发电系统,该项目于 2012 年 4 月开工建设,2012 年 10 月 16 日投入试运行,占地面积 1 万 m^2。图 5-4 所示为项目全景。

该项目的建成,标志着中国华能集团拥有了相关核心技术,成功掌握了太阳能光热发电产业化的技术和工艺,实现了我国菲涅尔光热电站零的突破。项目研发中的科研成果填补了我国在菲涅尔光热发电技术领域的多个空白,有力地促进我国光热发电产业的发展。项目所创建的光热-联合循环混合电站模式,具有一定的示范和推广价值,极大地提升了我国在太阳能

光热发电方面的技术水平,为我国太阳能光热发电产业提供坚实的技术支撑,对推动我国大规模太阳能光热发电技术的发展和应用具有重要意义。

图 5-4　项目全景(共 11 个菲涅尔集热阵列)

二、兰州大成敦煌 50 MW 熔融盐线性菲涅尔光热电站

兰州大成敦煌 50 MW 熔融盐线性菲涅尔光热发电示范项目于 2016 年 9 月成功入选我国首批光热发电示范项目,于 2018 年 6 月 29 日全面开建。项目位于甘肃省敦煌市七里镇光电产业园区,规划装机容量 50 MW。是全球首个熔融盐线性菲涅尔光热发电站,项目总投资约 16.88 亿元。图 5-5 所示为兰州大成敦煌 50 MW 熔融盐线性菲涅尔光热电站实景。

图 5-5　兰州大成敦煌 50 MW 熔融盐线性菲涅尔光热电站实景

集热场设计采用多支路并联方式,单个支路长度 1 100 m,由 80 个线性菲涅尔太阳能集热回路,1 套储热系统(二元熔融盐),1 套蒸汽发生系统,主蒸汽参数为 12.2 MPa、538 ℃,1 套高温高压、一次中间再热汽轮发电机系统以及其他辅助设施组成,配置 15 h 储热,熔融盐集热器入口温度 290 ℃,出口温度 550 ℃,可实现 24 h 连续发电,年发电量约 2.14 亿 kW·h。成功实现 550 ℃ 高温运行。通过降低热损失将集热管出口熔融盐温度提高到 550 ℃,温高足以保障熔融盐在集热回路中均衡流动。一旦遇到夜间、寒冷天气或没有阳光的情况,集热管内熔融盐可快速返回熔融盐储罐,确保不在集热管内凝结。该项目采用兰州大成具有自主知识产权的线性菲涅尔聚光集热技术,并采用熔融盐作为集热、传热和储热的统一介质。

兰州大成敦煌 50 MW 熔融盐线性菲涅尔光热发电示范项目在 2019 年 3 月全面展开施工,2019 年 12 月 31 日 17 时 58 分,兰州大成敦煌 50 MW 熔融盐线性菲涅尔光热项目一次并网成功。相比国内同批次光热项目平均建设 2 年并网发电的建设周期,开创了光热建设新速度。项目于 6 月初进行热态进盐调试,6 月 18 日太阳能集热场系统整体并网发电投运,用时仅仅 18 天,证明了以熔融盐为集热介质的线性聚焦光热发电技术具有良好的技术优势。项目重大建设节点情况见表 5-1。

课件

菲涅尔发电集热器及电站介绍

表 5-1 项目重大建设节点情况

时 间	项目进度
2018 年 6 月 29 日	项目全面开建仪式
2018 年 7 月 28 日	集热岛井桩基础开挖仪式
2018 年 8 月 3 日	镜场第一列桩基开始施工
2018 年 9 月 28 日	山东电建一公司土建队伍进场正式施工
2018 年 9 月 29 日	集热岛聚光集热器生产组装车间开挖仪式
2018 年 10 月 17 日	主厂房开挖
2018 年 11 月 01 日	主厂房第一方混凝土浇筑
2019 年 1 月 5 日	主厂房出零米
2019 年 1 月 7 日	集热岛聚光集热器生产组装车间屋顶板及大门安装完毕
2019 年 1 月 21 日	冷、热熔融盐罐基础开挖(罐高 14.5 m,直径 33 m)
2019 年 4 月 15 日	试验回路建成并进行第一次通盐调试
2019 年 5 月 6 日	镜场冷、热熔融盐管道支架基础开始施工
2019 年 5 月 20 日	热熔融盐罐基础施工完成,罐体底板开始铺设
2019 年 5 月 21 日	汽机基座混凝土浇筑完成
2019 年 6 月 5 日	汽机基础交付安装
2019 年 6 月 9 日	汽轮机发电高压缸、低压缸就位
2019 年 6 月 19 日	主变、厂变、启备变就位
2019 年 8 月 13 日	汽包就位
2019 年 8 月 26 日	汽轮发电机穿转子
2019 年 8 月 27 日	汽轮发电机就位
2019 年 9 月 26 日	汽轮机低压缸扣盖
2019 年 10 月 9 日	集热岛东区 40 列一次镜安装完成
2019 年 10 月 20 日	冷热熔融盐管道全线贯通
2019 年 11 月 5 日	厂用电一次系统倒送成功
2019 年 11 月 21 日	开始化盐,熔融盐用量 24 000 t
2019 年 11 月 22 日	化水车间制水设备调试完毕,正式制水,出水水质合格

续上表

时间	项目进度
2019 年 12 月 11 日	四大管道吹管结束,现场采用压缩空气对四大管道进行吹管
2019 年 12 月 15 日	汽轮机主机盘车调试完成
2019 年 12 月 31 日	项目成功并网发电

第四节 "全球首个"光热发电项目

从 20 世纪 80 年代开始陆续出现了商业化运行的光热电站。下面列举了国内外 14 个全球首个光热发电项目,从这些全球首个项目中可以看到整个光热发电技术的发展概略。

一、全球首个投运的商业化槽式光热电站——美国 SEGSI 光热电站

1984—1991 年,以色列和美国联合组建的 LUZ 公司在美国加州沙漠相继建成并投运 9 座槽式光热电站 SEGSI～SEGSIX,总装机 353.8 MW。其中 SEGSI 电站为全球首座槽式太阳能光热发电商业电站,装机规模 13.8 MW,于 1984 年 12 月 20 日投运。该项目采光面积为 82 960 m^2,运营方为凯雷投资集团旗下的 Cogentrix 公司,所采用的集热器类型为 LS-1。其建成时配有 3 h 储热系统,采用导热油储热方案,但该储热系统在 1999 年因一次火灾而被毁坏,此后未再修复。电站于 2016 年 1 月正式停运,不再供电,运行时间共计 30 余年。图 5-6 所示为美国 SEGSI 光热电站实景。

图 5-6 美国 SEGSI 光热电站实景

二、全球首个投运的商业化塔式光热电站——西班牙 PS10 塔式光热电站

西班牙 PS10 塔式光热电站装机为 11 MW,于 2005 年 7 月开工建设,并于 2007 年 6 月投运,是全球首个投运的商业化塔式光热电站。该电站采用塔式水工质技术路线,场址面积为

55 公顷，由 AbengoaSolar 负责开发，并配置 1 h 蒸汽储热系统。该项目集热塔高度为 115 m，总采光面积达 75 000 m²，冷却方式为水冷。图 5-7 所示为西班牙 PS10 塔式光热电站实景。

图 5-7　西班牙 PS10 塔式光热电站实景

三、全球首个投运的商业化菲涅尔光热电站

西班牙 PuertoErrado2 菲涅尔光热电站于 2011 年 4 月开工建设，并于 2012 年 3 月并网发电，是全球首个投运的商业化菲涅尔光热电站。该项目装机为 30 MW，储热时长 0.5 h，共配置 28 个 16 m 宽的集热阵列，总采光面积为 302 000 m²。该项目开发商、EPC 厂商与运维商均为 NovatecSolar。图 5-8 所示为西班牙 PuertoErrado2 菲涅尔光热电站实景。

图 5-8　西班牙 PuertoErrado2 菲涅尔光热电站实景

四、全球首个采用熔融盐储热的光热电站——西班牙 Andasol-1 槽式光热电站

装机为 50 MW 的西班牙 Andasol-1 槽式光热电站不仅是世界上首个采用熔融盐储热的光热电站，同时也是欧洲第一个槽式太阳能光热发电站。该项目开工建设日期为 2006 年 7 月，

投运日期为 2008 年 11 月。其位于西班牙阳光资源丰富的 andalusia 的 Guadix 附近,占地面积为 200 hm^2,配置了 7.5 h 的储热系统,总采光面积达 510 120 m^2,设计年发电量为 158 000 MW·h。图 5-9 所示为西班牙 Andasol-1 槽式光热电站实景。

图 5-9 西班牙 Andasol-1 槽式光热电站实景

五、全球首个实现 24 h 连续发电的光热电站

西班牙 Gemasolar 塔式光热电站是全球首个商业化塔式熔融盐光热电站兼全球首个实现 24 h 连续发电的光热电站,坐落于西班牙南部小镇塞维利亚(Seville)的 Gemasolar 光热电站始建于 2009 年 2 月,于 2011 年 4 月实现并网发电。其装机规模为 19.9 MW,储热时长为 15 h,设计年发电量为 110 000 MW·h,可以满足当地 27 500 户居民的日常用电,每年可减少 30 000 t CO_2 排放量,是全球范围内最早实现 24 h 全天候不间断发电的光热电站。

2013 年夏天,Gemasolar 电站创造了连续 36 天无间断 24 h 持续运行的记录,它也因此成为西班牙工程设计建筑业的骄傲,并被视为世界上最具创造性的光热电站和可再生能源革命的里程碑之作。在 2015 年举办的世界气候大会上,Gemasolar 这一具有开创性意义的太阳能光热发电站被选为西班牙的国家"形象大使"。图 5-10 所示为西班牙 Gemasolar 塔式光热电站实景。

图 5-10 西班牙 Gemasolar 塔式光热电站实景

六、全球首个二次反射塔式光热发电示范/商业化项目

阿联酋 masdar 二次反射塔式光热发电示范项目/玉门鑫能 5 万千瓦塔式熔融盐光热示范项目是全球首个二次反射塔式光热发电示范/商业化项目。

全球首个基于二次反射原理的塔式光热发电示范项目于 2010 年 1 月在阿联酋 masdar 建成,装机容量 100 kW。该项目由 33 套联动的定日镜组成光场系统,集热塔是一种特殊的二次反射塔,塔顶安装二次反射镜,将太阳能二次反射至置于地面的热量接收装置,与传统的塔式光热发电的热量接收器的位置完全不同。定日镜场以三个同心圆的方式排列,每个定日镜系统有前、中、后三面反射镜板组成,前后两个反射镜板又各由 14 面镜片组成,中间的反射镜板由 15 面镜片组成。单个镜片的面积为 0.202 5 m^2,中间的反射镜板的中心两面镜片的面积较小。单个定日镜系统的总镜面面积为 8.5 m^2,总反射面积为 280.5 m^2。集热塔塔高 20 m,上方安装二次反射镜系统,共由 45 面固定式 CR 平面镜组成,也以同心圆的方式排列,通过此将太阳能二次反射至置于距水平面 2 m 高处的陶瓷集热器上。图 5-11 所示为阿联酋 masdar 二次反射塔式光热发电示范项目实景。

图 5-11 阿联酋 masdar 二次反射塔式光热发电示范项目实景

全球首个采用二次反射塔式熔融盐技术开发的商业化光热电站为中国首批光热示范项目之一——玉门鑫能 5 万千瓦塔式熔融盐光热示范项目。该项目位于玉门郑家沙窝光热发电示范区,占地面积 2.47 km^2,总装机容量为 50 MW,设计由 15 个二次反射塔集热模块组成,每个模块的集热功率达 17 MW,配备 9 h 储热系统,年发电量预计达 2 亿 kW·h。计划总投资约 17.9 亿元,包括太阳岛、储热系统、动力岛、生产基地和运维基地及配套建设的相关附属设施。图 5-12 所示为玉门鑫能 5 万千瓦塔式熔融盐光热示范项目实景。

图 5-12 玉门鑫能 5 万千瓦塔式熔融盐光热示范项目实景

七、全球首个光热发电生物质混合电站——Termosolar Borges 电站

全球首个光热发电生物质能混合发电站——Termosolar Borges 电站于 2012 年年底并网发电。该项目投资 1.53 亿欧元,于 2011 年 3 月底开工建设,建设期持续 20 个月,总装机 58.5 MW,其中生物质发电装机 36 MW,太阳能光热发电装机 22.5 MW,由槽式光热镜场和生物质能锅炉两大部分组成,在白天太阳光照较好的时候主要采用光热发电,在晚间或太阳光照条件不佳的时候主要采用生物质能发电,采用这种互补发电的方式可实现 24 h 持续发电。该电站的容量因子为生物质发电 15%,太阳能光热发电 22.4%。年发电量可达 101.6 GW·h,生物质贡献发电量 47.3 GW·h,太阳能贡献发电量 44.1 GW·h,另有燃气辅助贡献发电量 10.2 GW·h。年发电能力可满足 27 000 户普通家庭的日常用电需求,年减排 CO_2 24 500 t。该项目由西班牙 ComsaEmte 公司和西班牙 abantia 集团共同设计建设并持有,槽式光场系统共装配了 2 688 套槽式反射镜系统(共 56 个回路)。其采用水冷系统,同时配备了一定量的天然气用于光场系统的辅助加热。图 5-13 所示为 Termosolar Borges 电站实景。

图 5-13 Termosolar Borges 电站实景

八、全球首个商业化光热地热混合电站

美国 Stillwater 光热地热混合发电项目是全球首个地热和光伏、光热两种太阳能发电系统联合运行的混合电站。该混合电站由意大利国家电力公司旗下的 Enel 绿色电力公司位于美国的子公司负责建设。该电站通过采用光伏、光热和地热互补发电的形式,可以实现较高的能源使用效率。据项目方介绍,当阳光充裕和气温较高——地热发电系统产能低于平均值时,该电站主要依靠光伏和光热发电系统发电。2009 年,Enel 北美公司在美国 Reno 以东 75 英里(1 英里 = 1.609 km),Fallon 农牧区和 Stillwater 国家野生动物保护区的中间区域建造了最初的地热电站。2012 年,该地热电站加入了新的太阳能光伏发电系统,2015 年又添加了装机 17 MW 的槽式太阳能光热发电系统,2016 年 3 月 29 日,该项目举行了投运仪式。图 5-14 所示为美国 Stillwater 地热光热混合电站实景。

图 5-14 美国 Stillwater 地热光热混合电站实景

九、全球首个塔式 CSPV 示范项目——澳大利亚 Newbridge

2015 年 3 月 27 日,全球首个将光伏发电与光热发电相结合的创新型塔式太阳能发电 CSPV 示范项目在澳大利亚维多利亚州的 Newbridge 建成。该项目采用 Raygen 公司的 CSPV 技术建设。据了解,该项目共耗资 360 万美元,其中 170 万美元由 ARENA 提供。和常见的塔式技术一样,其采用定日镜反射阳光至集热塔产生高温热能,聚光倍数为 750 倍,每个塔式模块安装一个大小约 1 m^2 的高效聚光 GaInP/Gaas/Ge 三结太阳能电池,发电功率为 200 kW。RayGen 的 CSPV 技术集合了光热发电可廉价存储、光伏发电成本较低的双重优势。750 倍的聚光能量照射在高效聚光太阳能电池板上,1 m^2 电池板可产出的电能是同等面积普通电池板的 1 500 倍。置于塔顶的能量吸收器分为两部分,上层部分为热量吸收器,主要吸收红外辐射,下层部分为聚光光伏电池板,主要吸收可见光发电。吸收的热量存入储热系统,聚光光伏电池发出的电能用压缩机压缩空气存入压缩空气罐中,发电时释放压缩空气中的空气驱动空

气透平发电,同时利用储热系统加热空气,空气受热膨胀做功,发电效率大幅提升。图 5-15 所示为建设中的 Newbridge 示范项目实景。

图 5-15　建设中的 Newbridge 示范项目实景

十、全球首个沙子工质塔式光热电站

意大利西西里岛 2 MW 塔式光热电站是全球首个以沙子作为工质的塔式光热电站,坐落于意大利西西里岛,该电站装机 2 MW,配备 786 台定日镜,将太阳光通过集热塔上方的二次反射镜,集中于下置的集热器上。其占地面积 2.25 公顷,日产蒸汽量为 20.5 t,每年可减少约 890 t CO_2 排放量。该项目的核心技术是 STEM(Solar Thermo Electric Magaldi),这是一种基于空气/沙子流化床的太阳能蒸汽发生技术,该项目是首个在兆瓦级规模对 STEM 进行示范的电站,能够吸收、存储太阳能并将热量转化为电力和其他热能使用。图 5-16 所示为意大利西西里岛 2 MW 沙子工质塔式光热电站实景。

图 5-16　意大利西西里岛 2 MW 沙子工质塔式光热电站实景

十一、全球首个光热综合能源利用项目——丹麦 aalborgCSPSun 农场项目

2016 年 10 月,全球首个专为沙漠农场供给清洁能源的商业化光热发电项目在南澳大利亚正式投运,该项目由丹麦 aalborgCSP 公司负责开发,可为沙漠农场持续不断地供应再生光热能源和海水淡化水,确保这座占地面积约 20 万 m^2 的 Sun 农场每年可生产约 1 700 万公斤温室番茄,几乎占据澳大利亚全国番茄产能的 15%。据了解,这个基于光热技术的综合能源系统(IES)每年可以生产 1 700 MW·h 的电能和 250 000 m^3 淡水,每年可减排 CO_2 16 000 t,相当于每年澳大利亚的道路上少了 3 100 辆疾驰的汽车。和世界上其他只单一产出一种能源(比如电能)的光热电站不同,该集成能源系统能满足多种能源需求,实现了太阳资源利用最大化。安装在沙漠地区的超过 23 000 个定日镜收集太阳光线,并将太阳光线反射至 127 m 高的集热塔的顶端。太阳能的聚集会产生超高温度,在冬天,这些高温将为温室中的作物提供充足热能。在夏天凉爽的夜晚,通过净化从附近 5 km 的 Spencer 海湾引入的海水为温室提供淡水。该系统还会利用产生的高温蒸汽驱动蒸汽轮机生产温室所需的电能。该集成系统的能量生产会根据温室对能量需求的季节性变化而相应变动,以实现全年能源成本的最低化。图 5-17 所示为丹麦光热综合利用 aalborgCSPSun 农场项目实景。

图 5-17　丹麦光热综合利用 aalborgCSPSun 农场项目实景

十二、全球首个投运的单机百兆瓦级别的光热电站

装机为 100 MW 的阿联酋 SHAMSI 槽式太阳能光热发电站是全球首个投运的单机百兆瓦级别的光热电站,该电站于 2010 年 7 月开始建设,占地面积 2.5 km^2,年发电量 210 GW·h,总投资额约 6 亿美元,可满足 2 万户普通家庭的日常电力需求,年减排 CO_2 175 000 t。该电站于 2013 年 3 月 17 日正式投运,它不仅是阿联酋甚至中东和北非地区首个大型光热电站,也是全球首个投运的单机百兆瓦级别光热电站。该电站太阳能集热场由 258 048 面槽式反射镜组建,共设置了 192 个集热回路,每个回路拥有 4 套集热单元,总计 768 套集热单元,单个集热单元由 36 套槽式集热器组成,共使用了 27 648 根真空集热管,镜场总采光面积 627 840 m^2。图 5-18 所示为阿联酋 SHAMSI 槽式太阳能光热发电站实景。

图 5-18　阿联酋 SHAMS1 槽式太阳能光热发电站实景

十三、全球首个熔融盐菲涅尔商业化光热电站

兰州大成敦煌 50 MW 熔融盐菲涅尔光热项目是全球首个熔融盐菲涅尔商业化光热电站,该电站选址于甘肃省敦煌市七里镇光电产业园,是目前全球范围内装机规模最大的熔融盐工质线性菲涅尔光热电站。该项目于 2019 年 12 月 31 日 17 时 50 分首次实现并网发电,项目自 2018 年 6 月 29 日全面开建,相比国内同批次光热项目平均建设 2 年并网发电的建设周期,开创了光热建设新速度。项目于 2019 年 6 月初进行热态进盐调试,6 月 18 日太阳能集热场系统整体并网发电投运,用时仅仅 18 天,证明了以熔融盐为集热介质的线性聚焦光热发电技术具有良好的技术优势,其业主为兰州大成科技股份有限公司,公司自 2008 年起在太阳能光热领域开展关键件以及系统集成开发研究,至 2012 年 5 月国内首个 200 kW 线性菲涅尔+槽式太阳能光热发电系统成功并网发电,在国内率先掌握了太阳能光热发电整个流程的集成经验,兰州大成自主研发具有完全知识产权的线性菲涅尔式聚光集热器具有占地少、抗风能力强、建设周期短、调试简单以及易维护等特点。图 5-19 所示为兰州大成敦煌 50 MW 熔融盐菲涅尔光热项目实景。

图 5-19　兰州大成敦煌 50 MW 熔融盐菲涅尔光热项目实景

十四、全球首个类菲涅尔电站——华强兆阳 15 MW 光热发电项目

位于张北县二圪塄村的华强兆阳张家口一号 15 MW 光热发电项目于 2015 年 3 月正式开工建设,总投资 7 亿元,年发电量达 7 500 万 kW·h。该项目采用了北京兆阳光热技术有限公司具有完全自主知识产权的类菲涅尔光热发电技术,在机组正常运行、机组的启动期间均采用太阳能,仅在施工期采用少量天然气,对环境影响极小。2017 年 7 月 10 日,该项目常规岛冲转试发电一次成功,这标志着其开始进入联机调试试运行阶段。张北华强兆阳光热发电项目共分为三期,上述为一期项目,二期和三期项目位于张北县公会镇,将建设总装机规模为 100 MW(二期三期各 50 MW)的光热电站及配套现代设施农业项目。图 5-20 所示为华强兆阳 15 MW 光热发电项目实景。

图 5-20 华强兆阳 15 MW 光热发电项目实景

思 考 题

1. 线性菲涅尔光热发电技术有哪些特点?
2. 线性菲涅尔电站集热系统与槽式电站的集热系统有什么区别?
3. 列举 1~2 个线性菲涅尔电站进行介绍。

第六章 光热电站换热器

导 读

换热器市场运营现状与发展动向预测

换热器产业链上游主要为铜管、铝箔等原材料,下游应用领域广泛,主要集中于石油、化工、冶金、电力、船舶、集中供暖等领域。其中,石油、化工行业是我国换热器行业下游最主要的应用领域,占比高达30%;其次为电力冶金与食品医药行业,占比分别为17%、9%。我国换热器行业发展起步较晚,始于20世纪60年代;但发展速度较快,进入21世纪后,我国换热器行业技术水平得到飞跃提升,产品逐渐向高效节能化方向发展。近年来,受益于石油化工、电力冶金等下游应用领域稳定发展,对换热设备需求上升,我国换热器市场整体呈良好发展态势,产需量与销售收入、市场规模均呈稳定增长趋势。

在产需量方面,数据显示,截至2019年我国换热器产量为3 285台,需求量为2 875台,行业供需关系整体处于供大于求状态。在销售收入方面,数据显示,我国换热器行业销售收入已从2015年的771亿元增长至2019年的872.7亿元,同比2018年有所下降。但基于石油、化工、电力、冶金、船舶、机械、食品、制药等行业对换热设备稳定的需求增长,未来我国换热器行业销售收入仍呈增长趋势。在市场规模方面,数据显示,我国换热器市场规模已从2015年的769亿元增长至2019年的1 168亿元,同比2018年增加116亿元。

——摘自2021年中国换热器市场分析报告

知识目标

1. 掌握换热器的结构与分类;
2. 掌握光热电站换热器的特点;
3. 掌握光热电站中换热器的选型原则;
4. 掌握光热电站换热器换热量和换热面积的计算方法。

能力目标

1. 能够区分换热器的类别;
2. 能够对冷热流体在换热器中的流道进行正确选择;
3. 能够计算换热器的换热量和换热面积。

第⑥章 光热电站换热器

素质目标

培养学生有担当、有责任心、有技能、自律自觉等优秀品质,成为行业内多个领域所必需的"换热器"特性的人才。

第一节 换热器的分类与光热电站换热器特点

通常情况下,热能总是自发地从高温物体传向低温物体。热交换器(简称换热器)就是这样一种传热设备,用来传递温度不同的两种(或以上)介质之间的热量,从而满足工业生产等需要。换热器应用极为广泛,常见于化工、食品、采暖、冶金、石油、制药等领域。

一、换热器的分类

1. 从传热方式来看,换热器可分为混合式、蓄热式和间壁式三类

混合式换热器是通过冷、热流体的直接接触、混合进行热量交换的换热器,又称接触式换热器,这类换热器适合于气、液两流体之间的换热。蓄热式换热器是利用冷、热流体交替流经蓄热室中的蓄热体(填料)表面,从而进行热量交换,这类换热器主要用于回收和利用高温废气的热量,以回收冷量为目的的同类设备称为蓄冷器,多用于空气分离装置中。间壁式换热器的冷、热流体被固体间壁隔开,并通过间壁进行热量交换,因此又称表面式换热器,这类换热器应用最广,通常光热电站中多选用此类换热器。

2. 按照结构来分,换热器可分为板面式和管壳式两大类

板面式换热器具有换热效率高,占地面积小,易于拆卸、清洗等特点。它以板面作为换热面,板面间有波纹或网状通道,四角开孔,多个面板拼合后在四角形成分配管和汇合管,相邻板之间用密封垫进行密封,从而控制冷热流体通过相邻板面构成的流道,通过湍流作用,利用板壁达到热传导的目的。图 6-1 所示为板面式换热器。

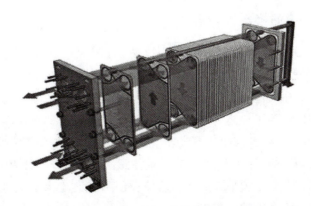

图 6-1 板面式换热器

视密封垫材料的不同,板面式换热器使用环境一般在 180 ℃ 以内,也有部分采用耐高温材料做成的密封垫可耐受 200 ℃ 以上介质的高温,但总体而言,传统的板面式换热器往往不能长时间工作在高温高压环境下。光热电站中,导热油和熔融盐的出口温度高达 390 ℃ 和 580 ℃,此时不可选用传统的板面式换热器直接进行油盐或者盐水换热。但新型全焊式板面式换热器避免了板间的非金属材料,因此能够应用在更广的温度和压力范围,耐腐蚀性能更加优秀,相应的使用寿命也更加长久。

管式换热器以封闭在壳体中管束的壁面作为传热面的间壁式换热器,常见的为管壳式换热器,这种换热器应用最为广泛,由壳体、管束、挡板、管板、管箱等组成。管束固定在两端的管板上,装入圆筒形的壳体当中,冷热流体分别走管程和壳程,达到换热的目的。图 6-2 所示为管式换热器。

图 6-2 管式换热器

管壳式换热器亦可分为固定管板式、浮头式和 U 形管式。固定管板式的管板和壳体固定在一起,只适用于温差不大的两种流体介质;浮头式的一端管板可自由浮动,能够消除温差带来的管道和壳体的机械应力,也方便拆卸清洗;U 形管式也能够消除热应力,但清洗较难。

二、光热电站换热器特点

在光热电站中,高温高压的工作环境决定了管壳式换热器更加合适。由于电站技术路线不同,槽式导热油电站会选用油盐换热器,使用熔融盐进行储热,油水换热器用来加热循环水,生成饱和/过热蒸汽。而熔融盐电站则需要盐水换热器,在生成饱和/过热蒸汽的环节,为了提高传热效率,减少不同介质热应力的影响,往往会由预热器、蒸汽发生器和过热器共同组成蒸汽发生系统,因此光热电站中需要采用至少三台换热设备。如果是盐水换热系统,则特别需要注意流道的选择。如果熔融盐走管程,水/饱和蒸汽走壳程的话,必须采取适当的监控和预防措施,以防熔融盐凝固造成堵冻和系统事故,增加清洗和维护的成本。

● 课件

换热器分类及光热电站换热器特点

● 微课

光热电站换热器特点

第二节　光热电站换热器流道选择

在换热器中冷热流体走管程和壳程的选择主要遵循以下原则。
①不洁净和易结垢的液体宜在管内——清洗比较方便。
②腐蚀性流体宜在管内——避免壳体和管子同时腐蚀,便于清洗。
③压强高的流体宜在管内——免壳体受压,节省壳程金属消耗量。
④饱和蒸汽宜走管间——便于及时排除冷凝液。
⑤有毒流体宜走管内,使泄漏机会较少。
⑥被冷却的流体宜走管间——可利用外壳向外的散热作用。
⑦流量小或黏度大的液体,宜走管间——提高对流传热系数。
⑧若两流体的温差较大,对流传热系数较大者宜走管间——减少热应力。

在光热电站换热器中,对于熔融盐过热器宜选择管壳式换热器中的发夹式换热器,特别适合高温差、高压力工况。它综合了U形管式换热器和其他管壳式(如浮头式、填料函式)换热器的优点。
①具有高换热性能和紧凑性结构设计。
②适用于管壳侧的工艺介质温度交叉工况。
③纯逆流设计,可减小换热面积。
④无须膨胀节即可适用于高温差工况。
⑤管程和壳程均适用于高压力工况。
⑥管程和壳程靠重力作用均可以排净工艺介质。

根据过热器中熔融盐压力低蒸汽压力高的特点,从经济性方面考虑,蒸汽走承压能力更强的管程能有效降低设备金属质量,同时由于管程蒸汽温度大于熔融盐的凝固温度,过热器运行过程中不会出现壳程冻盐的风险。

对于熔融盐蒸发器宜选择结构相对简单的U形管式换热以减小壳体和管束之间的温差应力。一般是给水走壳程即管外蒸发,熔融盐走管程。熔融盐蒸发器一般采用多管程设计以减小蒸发器管束长度。在系统设计和运行时,必须使蒸发器的饱和蒸汽温度大于熔融盐的凝固温度,使换热管的金属壁温始终高于熔融盐的凝固点温度,从而避免发生熔融盐冻管的风险。

对于熔融盐预热器宜选择U形管式换热器解决温差应力。预热器为熔融盐和水换热,两者换热系数没有明显差别,从换热效率方面考虑,具体哪种介质走管程或者壳程均可。而熔融盐温度高于给水温度,熔融盐走管程能有效降低设备对外散热,并使换热管处于外压下运行,有效减小换热管破管的风险。在预热器结构设计上,尽可能采取措施避免熔融盐在预热器内部发生冻管,提高给水进预热器的温度是最有效的预防熔融盐冻管的方法,在任何工况下,预热器给水入口温度应大于220 ℃。

第三节　光热电站换热器换热量计算

光热电站中换热器的换热量该如何确定呢？例如，在敦煌地区拟建装机容量为 10 MW 的熔融盐蓄热塔式光热电站，设计热电转换效率为 38%，对此光热电站中水-熔融盐换热器中的过热器换热量及换热面积进行设计计算。现已知进入过热器的热熔融盐温度为 580 ℃，出口温度为 490 ℃，饱和蒸汽的进口温度为 310 ℃，经过热器之后的过热蒸汽出口温度为 540 ℃，熔融盐经过三台换热器之后最终被冷却到 280 ℃，换热系数 K 值取 410 W/(m²·K)。敦煌地区太阳直射辐射值 DNI 取 1 800 kW·h/(m²·a)，年平均日照时数为 8 h。计算该过热器换热量、换热面积。

一、蒸汽热值计算

装机容量为 10 MW 理论上表示电站每个小时的发电量为 10 MW·h，转化为热值计算如下：

$$Q' = 10\ 000\ 000 \times 3\ 600 = 3.6 \times 10^{10}\ (\text{J/h})$$

热电转换过程如图 6-3 所示。

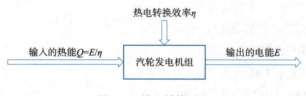

图 6-3　热电转换过程

因此每小时过热蒸汽需提供的热值为：

$$\overline{Q} = \frac{Q'}{0.38} = 9.47 \times 10^{10}\ (\text{J})$$

二、熔融盐与水总换热量计算

在光热电站中，蒸汽发生系统一般至少有三台换热器，即预热器、蒸发器、过热器，为了提高蒸汽参数，提高汽轮机组发电效率，也可以连用四器一包，即还可增加再热器和汽包，则熔融盐与水在换热器中进行热交换的顺序如图 6-4 所示。

熔融盐和水的总换热量是预热器 + 蒸发器 + 过热器三台换热器的换热量总和，假定经过三台换热器的熔融盐质量流量相等，则计算熔融盐的质量流量为

$$\overline{Q} = m_h \cdot C \times (T_{h1} - T_{h2})$$

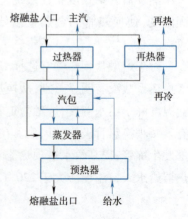

图 6-4　熔融盐-水换热顺序

$$m_h = \frac{\overline{Q}}{C \times (T_{h1} - T_{h2}) \times 3\,600} = \frac{9.47 \times 10^{10}}{1\,517 \times (580 - 280) \times 3\,600} = 57.8\,(\text{kg/s})$$

式中　C——定性温度下的比热容,查附表3为1 517 J/(kg·K),定性温度取平均温度T_m;

　　　T_m——为熔融盐在过热器中的进口温度T_{h1}(580 ℃)与在预热器中的出口温度T_{h2}(280 ℃)的平均值,即430 ℃。

三、过热器换热量计算

因假设经过预热器、蒸发器、过热器的熔融盐质量流量基本保持不变,则在已知熔融盐质量流量、熔融盐在过热器的进出口温度等情况下,熔融盐与水在过热器中的换热量计算为

$$Q = m_h \times C \times (580 - 490)$$
$$= 57.8 \times 1\,530 \times 90$$
$$= 2.88 \times 10^{10}\,(\text{J/s})$$
$$= 8 \times 10^6\,(\text{W})$$

此时C为熔融盐在过热器中进出口温度的平均值所对应的比热容,查附表3为1 535 J/(kg·K)。

四、过热器换热面积计算

1. 对数平均温差计算

冷热流体流向选择逆流,则对数平均温差可计算为:

$$\Delta t_m = \frac{\Delta t' - \Delta t''}{\ln \frac{\Delta t'}{\Delta t''}} = \frac{40 - 180}{\ln \frac{40}{180}} = 93.1\,(\text{℃})$$

式中　$\Delta t'$——热流体的进口温度 - 冷流体的出口温度;

　　　$\Delta t''$——热流体的出口温度 - 冷流体的进口温度。

$$\Delta t' = 580 - 540 = 40\,(\text{℃})$$
$$\Delta t'' = 490 - 310 = 180\,(\text{℃})$$

2. 计算过热器换热面积A

$$A = \frac{Q}{K \Delta t_m} = \frac{8 \times 10^6}{410 \times 93.1} = 209.6\,(\text{m}^2)$$

课件

光热电站换热器相关计算

第四节　光热电站中的绝热保温

在光热电站中换热器及换热和传热管道还有相关储热设备等都是需要进行保温的,保温的方式一般有用保温材料保温和电伴热进行保温。用保温材料是一种采取被动方式防止介质自身热量丧失的保温方式,在塔式熔融盐电站中,熔融盐工作温度上限为560 ℃,而凝固点高达220 ℃,为了保证电站安全运行,防止熔融盐凝固,电站中的温度防护则更加重要。一般而

言,为了提高热效率并节省成本,塔式电站熔融盐传输管道比较短,故防护重点在集热塔和熔融盐吸热器、吸热器阀门、吸热器腔体等容易产生热量损失的地方,总的来说,与熔融盐塔式电站相比,槽式导热油电站中需要用到更多的绝热保温材料。槽式电站管路系统较长较复杂,因此必须避免热量在管道传输过程中损失过多,主要需在管道、连接部分、油管球形接头等部位需要采用大量绝热保温材料进行防护。

课件
光热电站绝热保温

光热电站保温绝热材料需具备的特性主要考虑为材料的老化以及材料在电站的热衰减率,绝热保温材料需尽量做到生命周期内的免维护,因此需要考虑材料产品的质量、可靠性和耐用度。除此之外,轻薄、安装拆卸便利度、保温性能等指标也反映了材料的性能。轻薄的绝热材料能够减少管道的直径,有利于管道抗风阻、节约成本、方便安装施工;安装与拆卸是否便利决定了管道出现问题时排查的难易程度,对电站运行维护有很大影响;保温性能无须多言,它是绝热材料最重要的属性,也是电站良好运行的关键保障。

微课
光热电站绝热保温

电伴热是通过主动加热的方式维持关键设备、介质的温度,电伴热也常用来维护导热油或熔融盐的温度,或者管道、吸热器、热交换器等设备的启动预热,缺点是消耗大量的厂用电。保温材料保温和电伴热保温在电站中起到互相补充、相辅相成的作用。我国大部分适合建设电站的地区市环境都具有高寒、高纬度、高海拔的特点,冬季低温期漫长,夏季昼夜温差大,因此对于电站来说,传热储热管路的温度保护是保证其能否达到预期产值的关键所在。

思 考 题

1. 光热电站中的换热器具有哪些特点?
2. 熔融盐储热式光热电站中盐-水换热一般要用到几台换热器?
3. 换热器中冷热流体的流道选择有哪些原则?
4. 换热器大体可以分为哪几类?
5. 在敦煌地区装机容量为 10 MW 熔融盐蓄热塔式光热电站中,熔融盐与饱和蒸汽经过热器之后产生过热蒸汽推动汽轮机运转,从而带动发电机发电。已知进入过热器的熔融盐温度为 565 ℃,出口温度为 510 ℃,熔融盐经过三台换热器之后最终被冷却到 280 ℃,饱和水蒸气的进口温度为 230 ℃,经过热器之后的过热蒸汽出口温度为 460 ℃,换热系数 K 值取 500 W/(m^2·K)。计算该过热器换热量、换热面积。

第七章 储能技术介绍

导读

储热是大规模储能的中坚力量

在众多储能技术中,热储能是最具应用前景的规模储能技术之一。热储能技术是以储热材料为媒介,将太阳能光热、地热、工业余热、低品位废热等或者将电能转换为热能存储起来,在需要时释放,以解决由于时间、空间或强度上的热能供给与需求间不匹配所带来的问题,最大限度地提高整个系统的能源利用率。热储能相比于电化学储能、电气储能等其他储能技术路线,在装机规模、储能密度、技术成本、使用寿命等方面具有明显优势;而与压缩空气储能和抽水蓄能这两种机械储能技术相比,热储能技术具有占地面积小、成本低、储能密度高、对环境影响小、不受地理、环境条件限制等诸多优势;热储能技术作为一种能量高密度化、转换高效化、应用成本化的大容量规模化储能方式,将在构建清洁低碳安全高效的能源体系、构建以新能源为主体的新型电力系统、保障电力系统安全稳定运行等方面发挥重要作用。

热储能技术的优势主要表现在:储能容量大、配置灵活、无特殊环境要求;具有规模化建设及运营成本的优势,具有明显的规模效应;可根据用户需要,实现多种能源品位冷、热、电、汽联供;可对区域电网实现削峰填谷、双向调节、消纳间歇性新能源(风电、光伏等)装机出力,是电网平衡峰谷差的最佳解决方案;循环次数大、寿命长,且储能电站的双向调节功能不会伴随长时间储热循环而导致效率降低;储放过程无化学反应,技术参数及过程可控,系统安全性高。

——摘自何雅玲院士《热储能技术在能源革命中的重要作用》

知识目标

1. 掌握储能技术的分类;
2. 掌握机械储能方法、热力储能方法的原理;
3. 掌握常见的太阳能储热技术;
4. 了解我国储能产业的现状与发展。

能力目标

1. 能够列举出储能技术的种类及阐述其储能原理;
2. 能够分析储能在新能源发电体系中的作用;
3. 能够说出太阳能储热技术的特点及其在多能源互补利用中的优势。

素质目标

1. 培养学生能够理性分析不同事物的优缺点,学会取长补短;
2. 从多能互补的新能源利用趋势中让学生领悟互利共赢、和谐发展的道理;
3. 培养学生的团队协作精神。

储能的目的是解决供需矛盾、时间上的矛盾、空间上的矛盾,储能可以实现供需平衡。在能源的开发、转换、运输和利用过程中,能量的供应和需求之间,往往存在着数量上、形态上和时间上的差异。为了弥补这些差异,有效地利用能源,常采用存储和释放能量的人为过程或技术手段,这可称为储能技术。

储能技术可以防止能量品质的自动恶化;可以改善能源转换过程的性能,自然界一些能源具有良好的存储性,但在化石燃料转化为电能时,电网峰谷差、部分负荷运行,需要大容量、高效率的电能存储技术调峰;可以更方便经济地使用能量,比如蓄电池的充电放电也是一种储能;可以降低污染、保护环境;在新能源利用中,也需要发展储能技术,太阳能、风能、海洋能等发电装置,在能量输入/输出之间必须布置蓄能装置,稳定输出。

常用的储能技术有机械储能、热力储能、化学储能、电化学储能。机械储能包括抽水蓄能、压缩空气储能、飞轮储能等;热力储能包括显热储能、潜热储能、热化学储能等;化学储能包括氢储能、合成燃料储能;电化学储能包括钠硫电池、液流电池、钠离子电池、铅酸电池等。

第一节 机械储能

机械储能通常是利用物体的动能或势能,通过保持其动能或势能达到储能目的,通过能量的转换进行能量释放,机械储能方式主要包括抽水蓄能、飞轮储能、压缩空气储能等。

一、抽水蓄能

1. 抽水蓄能原理

抽水蓄能的运行原理是利用可以兼具水泵和水轮机两种工作方式的蓄能机组,在电力负荷出现低谷时(夜间)做水泵运行,用基础负荷火电机组发出的多余电能将下水库的水抽到上水库以势能形式存储起来,在电网用电高峰时,将上水库水放至下水库,把水势能转化为电能输送电网,发挥调峰填谷作用。抽水蓄能电站既是水电站,又是电网管理的工具,我国抽水蓄能电站起步较晚,但发展快。其具有规模大、技术成熟、运行维护费用低、寿命可长达50~60年的优点,但抽水蓄能电站必须要由天然的两个高低地势的水库,对地理资源条件要求较高且建设周期较长。图7-1所示为抽水蓄能原理图。

目前抽水蓄能电站使用的水轮机是双向可逆的,既可作为水轮机使用也可作为水泵使用,又称水泵水轮机;抽水蓄能电站的电机也是双向运转的,既可作为发电机又可作为电动机使用,又称电动发电机。上水库的水流向下水库时推动水泵水轮机旋转,带动电动发电机发电向电网输送;使用电网的电驱动电动发电机旋转,带动水泵水轮机把下水库的水泵到上水库。由水泵水轮机与电动发电机组成了可逆式机组。

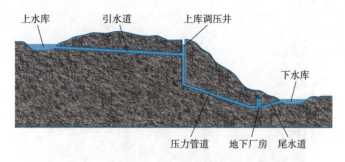

图7-1 抽水蓄能原理图

2. 抽水蓄能的特点

抽水蓄能电站的最大特点是存储的能量非常大,几乎可以按照任意容量建造,存储能量的释放时间可以从几小时到几天,其效率在75%左右,即使这样也是合算的,因为它迅速灵活的调峰功能避免了火电机组的高煤耗运行与设备损耗,减少了环境污染,保障了电力供应。抽水蓄能电站除了调峰功能外,它能对电力系统的负荷变化作出迅速反应,对电力系统的频率、相位也能起到很好的调整作用。有了抽水蓄能电站可以使电网成为高质量、稳定的电网。采用蓄电池蓄能单位千瓦投资是抽水蓄能的4.8～7.6倍,电能转化效率低,运行寿命也短,所以只有抽水蓄能才能实现大容量蓄能。

3. 抽水蓄能电站

广州抽水蓄能电站是我国第一个大型抽水蓄能电站,上水库与下水库高差为514～552 m,采用中部式布置,一期输水道的总长度3 900 m,二期输水道的总长度4 437 m,上、下水库库容超1 700万 m^3,单台抽水蓄能机组发电与抽水容量均超30万 kW,8台机组总共240万 kW。图7-2所示为广州抽水蓄能电站上水库鸟瞰图。

图7-2 广州抽水蓄能电站上水库鸟瞰图

广州抽水蓄能电站是世界上一次性建成的最大抽水蓄能电站,上水库与下水库平均高差为

532.4 m,距高比 8.3,采用中部偏后式布置。图 7-3 所示为广州抽水蓄能电站下水库鸟瞰图。

图 7-3　广州抽水蓄能电站下水库鸟瞰图

二、压缩空气储能

1. 压缩空气储能的原理与特点

压缩空气蓄能(CAES)是利用电力系统负荷低谷时的剩余电量,由电动机带动空气压缩机,将空气压入作为储气室的密闭大容量地下洞穴,即将不可存储的电能转化成为可存储的压缩空气的气压势能并存储于储气室中。当系统发电量不足时,将压缩空气经换热器与油或天然气混合燃烧,导入燃气轮机做功发电,满足系统调峰需要。CAES 系统包括气压机、电动机、发电机、地下储气室、换热器、燃烧室、燃气轮机、联轴器等常用设备。这种方法最大的缺点是压缩空气要发热,温升的空气会导致岩石的龟裂和岩盐的蠕变。传统压缩空气储能系统具有储能容量较大、储能周期长、效率高和投资相对较小等优点。但传统压缩空气储能系统不是一项独立的技术,它必须同燃气轮机电站配套使用,不能适合其他类型电站,特别不适合我国以燃煤发电为主,不提倡燃气燃油发电的能源战略。而且,传统压缩空气储能系统仍然依赖燃烧化石燃料提供热源,面临化石燃料价格上涨和污染物控制的限制。此外,同抽水蓄能电站类似,压缩空气储能系统也需要特殊的地理条件建造大型储气室,如岩石洞穴、盐洞、废弃矿井等。图 7-4 所示为压缩空气储能示意图。

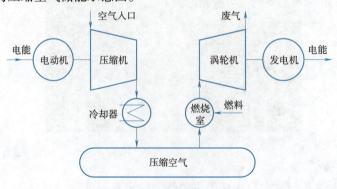

图 7-4　压缩空气储能示意图

2. 压缩空气储能典型应用场景

压缩空气储能技术在电力系统中的应用前景广阔,主要包括以下几方面。

1)削峰填谷

集中式的大型 CAES 电站的单机容量可达百兆瓦量级,发电时间可达数小时,可在电力系统负荷低谷时消纳富余电力,在负荷高峰时向电网馈电,起到削峰填谷的作用,从而促进电力系统的经济运行。

2)消纳新能源

分散式 CAES 电站的容量配置为几兆瓦到几十兆瓦,可与光伏电站、风电场、小水电站等配套建设,将间歇性的可再生能源存储起来,在用电高峰期释放,缓解当前的弃风、弃光和弃水困局。

3)构建独立电力系统

CAES 还可用于沙漠、山区、海岛等特殊场合的电力系统。该类地区对储能系统的寿命、环保等方面有特殊需求。在此情况下,若配合风力发电、光伏发电、潮汐发电等清洁能源,结合非补燃 CAES 的冷热电联供特点,则有望构建低碳环保的冷热电三联供独立电力系统。

4)紧急备用电源

由于非补燃 CAES 技术不受外界电网、燃料供应等条件的限制,对于电网出现突发情况如冰灾造成的断网等,该技术的应用将能确保重要负荷单位(如政府机关、军事设施、医院等)正常运行。

5)辅助功能

压缩空气储能具有功率和电压均可调节的同步发电系统,且响应迅速,其大量应用可以增加整个电力系统的旋转备用和无功支撑能力,提高系统电能品质和安全稳定水平。

三、飞轮储能

1. 飞轮储能原理

飞轮储能是利用电动机带动飞轮高速旋转,将电能转化成动能存储起来,需要时再用飞轮带动发电机发电的储能方式。主要包括转子系统、轴承系统和转换能量系统三部分,还有一些支持系统,比如真空、深冷、外壳和控制系统。飞轮储能装置中有一个内置电机,它既是电动机也是发电机,在充电时,作为电动机给飞轮加速,当放电时,作为发电机给外设供电,此时飞轮的转速不断下降,而当飞轮空闲运转时,整个装置则以最小损耗运行。飞轮储能系统结构如图 7-5 所示。

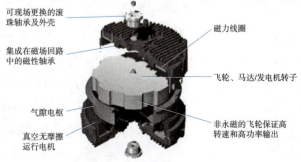

图 7-5 飞轮储能系统结构

2. 飞轮储能的特点

作为一种新型的物理储能方式,飞轮储能与传统化学电池相比,具备以下优点。

1)充放电迅速

从收到电网侧的调节信号到飞轮储能系统做出反应,时间极短,并且在之后数分钟时间内能够完成整个系统的充/放电过程,符合电网的短时响应与调节需求,相比于蓄电池、抽水蓄能、压缩空气等,具有较快的充/放电时间。

2)工作效率高

一般的飞轮储能系统工作效率可以达到90%,相比于抽水蓄能的60%以及蓄电池储能的70%,具有明显的优势,而且采用磁悬浮轴承的飞轮储能系统,其工作效率更高,接近95%。

3)使用寿命长

飞轮储能系统虽价格昂贵,但是设计良好,其年平均维护费用极低,充放电次数明显优于蓄电池储能等,其达到了百万数量级,且一般免维护的时间在10年以上。

4)环保无污染

由于机械储能的缘故,飞轮储能不会排放出污染环境的物质,其是一种环境友好型的绿色储能技术。此外,飞轮储能系统还具有模块性、建设时间短、事故后果影响低等优点。

第二节 热力储能

热存储是指将能量转化为在自然条件下比较稳定的热能存在形态的过程。储热技术主要应用于三个方面:一是在能源的生产与消费之间提供时间延迟和有效应用保障;二是提供热惯性和热保护(包括温度控制);三是保障能源供应安全。太阳能热存储是指将阳光充沛时间的热能存储到缺少或者没有阳光的时间备用。有三层含义:一是将白天接收到的太阳能存储到晚间使用;二是将晴天接收到的太阳能存储到阴雨天气使用;三是将夏天接收到的太阳能存储到冬天使用。

一、储热系统的作用

储热系统的作用表现在四个方面:

1. 在天气条件发生变化时,为热电站提供缓冲

当太阳能电站上方有云层经过时,由于云层的遮挡,输入到系统中的太阳辐射能量发生瞬时变化,这种瞬时变化会严重影响到发电设备的工作,因为随着太阳光照的变化,汽轮发电机组会频繁地工作在半负载和瞬变模式下,这种情况下系统的发电效率会大大降低,可能会出现被迫停机的情况。储热系统可以消除这种瞬时变化,为发电系统提供缓冲,作为缓冲的储热系统。

2. 转移发电时间

储热系统可以在白天将部分收集的太阳能存储起来,在用电高峰期将热量释放出来用于发电。

3. 增加年利用率

储热系统的热容量可以延长电站利用太阳能发电的时间,增加太阳能的利用率,此时储热系统较为庞大,电站需要更大的聚光面积。

4. 使发电量均匀分布

储热系统在太阳辐射较强时段存储热能,在光照不足时将存储起来的热能释放进行发电,这样可以使得一天中电站的发电量均布在各时间段。

二、储热系统的分类

储热系统按材料可分为显热储热、潜热储热、复合储热、化学储热。

1. 显热储热

利用储热介质的热容量进行蓄热,把已经过高温或低温变换的热能存储起来加以利用,具有化学和机械稳定性好、安全性好、传热性能好,但单位体积的蓄热量较小,很难保持在一定温度下进行吸热和放热。

显热储热量计算公式如下

$$Q = mC_p(T_1 - T_2) = mC_p\Delta T \tag{7.1}$$

式中　m——总水量,kg;

　　　C_p——水的比热容,4.18 kJ/(kg·℃);

　　　ΔT——水的温度差,℃。

水的单位质量的热容量相当高,1 kg 水可存储 4.18 kJ/℃ 的热能,金属铜、铁、铝分别为 3.73 kJ/℃、3.64 kJ/℃、2.64 kJ/℃,固体岩石约为 1.7 kJ/℃。

显热储热应选取具有密度大、比热大、导热系数高,化学温度、传输管路、容器相容性好,易于获得、价格低廉等特点的材料。常见的液体显热储热材料有水、油、熔融盐、液态金属;常见的固体显热储热材料有石头、沙子、混凝土、陶瓷、金属。盐储能技术是目前国际上最为主流的高温蓄热技术之一,具有成本低、热容高、安全性好等优点,已在国内外多个商业化运行的太阳能光热发电中得到实际应用。熔融盐储能技术是利用硝酸钠等原料作为传热介质,一般与太阳能光热发电系统结合,使光热发电系统具备储能和夜间发电能力,可满足电网调峰需要。

液态或固态介质的比热容数值可以判断出该介质是否适用于显热储能,通过热导率可衡量热传导的情况。常见的显热储热材料比热容与密度见表 7-1。

表 7-1　常见显热储热材料比热与密度

名　称	状态	比热容/[J/(kg·K)]	对应密度/(kg/m³)
饱和水	液态	4 212(0 ℃)	999.9
导热油(Dowthermal A)	液态	2 359(300 ℃)	806.8
硝酸盐(0.6NaNO₃+0.4KNO₃)	液态	1 495(265~565 ℃平均)	1 837
沥青	液态	1 170	1 000
锡	液态	255(250 ℃)	860
钠	液态	1 356(150 ℃)	6 980
钾	液态	805(100 ℃)	916
氨	液态	4 798(20 ℃)	819
氟利昂 12(CCl₂F₂)	液态	965.9(20 ℃)	611.75
纯铝	固态	902(20 ℃)	1 330.18
纯铜	固态	386(20 ℃)	8 930
灰铸铁(3% 含铁量)	固态	470(20 ℃)	7 570
黄金	固态	127(20 ℃)	19 300
铂	固态	133(20 ℃)	21 450
银	固态	234(20 ℃)	10 500
镁砖	固态	1 150(150 ℃)	3 000
氯化钠	固态	850(300 ℃)	2 160
混凝土	固态	850(300 ℃)	2 200
碳化硅陶瓷	固态	1 090(20 ℃)	1 800

2. 潜热储热

潜热储热(Latent Thermal Energy Storage,LTES)又称相变储能,它是利用储热材料在发生相变时吸收或释放的热量实现能量的存储,物质在物态变化(固-液、固-固或汽-液)时,具有单位质量(体积)潜热蓄热量非常大的特点,因此潜热储热具有储热密度大、充放热过程温度波动范围小、结构紧凑等优点。

利用物体相变潜热储热的储热介质称为相变材料(PCM),相变材料按相变方式一般可分为固-固相变材料;固-液相变(熔化、凝固)材料;液-汽相变(汽化、液化)材料;固-气相变(升华、凝聚)材料。一般说来,这四种相变材料的相变潜热按照顺序是逐渐增大的。但由于液-汽相变、固-气相变材料相变过程中有大量气体,相变时物质的体积变化很大,因此尽管这两类相变过程中相变潜热很大,但在实际应用中很少被选用。

理想的相变材料在热力学、化学方面应具有的性质包括合适的熔点温度;较大的相变潜热;密度大;在固态和液态形式具有较大的比热容;在固态与液态时具有高的热导率;无偏析、不分层、热稳定性好;热膨胀小,相变过程中体积变化小;凝固时无过冷现象,熔化时无过饱和现象;没有或低的腐蚀性,危险性小;容易获得,价格低廉。实际上很难找到能够满足所有这些条件的相变储热材料,在应用时主要考虑相变温度、潜热和价格,注意过冷、相分离和腐蚀问题。

从蓄热的温度范围来看,潜热储热可分为中低温储热和高温储热,中低温储热的温度范围是 0~120 ℃、高温储热的温度范围是 120~850 ℃。按照相变形式和过程可以分为固-液相变储能材料和固-固相变储能材料。根据相变材料的成分可分为无机物储热,主要包括水合盐、熔融盐和其他无机类;有机物储热,主要包括石蜡、脂酸类、多元醇;还有复合材料储热。常用的无机水合盐相变材料物性参数见表 7-2。

表 7-2 常用的无机水合盐相变材料

相变材料名称	熔点/℃	溶解热/(kJ/kg)	防过冷剂	防相分离剂
硫酸钠 ($Na_2SO_4 \cdot 10H_2O$)	32.4	250.8	硼砂	高吸水树脂 十二烷基苯磺酸钠
醋酸钠 ($CH_3COONa \cdot 3H_2O$)	58.2	250.8	$Zn(OAc)_2/Pb(OAc)_2$ $Na_2P_2O_7 \cdot 10H_2O/LiTiF_6$	明胶、树脂、阴离子表面活性剂
氯化钙 ($CaCl_2 \cdot 6H_2O$)	29	180	$BaS/CaHPO_4 \cdot 12H_2O$ $Ca(OH)_2/CaSO_4$	二氧化硅、膨润土、聚乙烯醇
磷酸氢二钠 ($Na_2HPO_4 \cdot 12H_2O$)	35	205	$CaCO_2/CaSO_4$ 硼砂、石墨	聚丙烯胺

注:过冷是液体温度低于凝固点但仍不凝固或结晶的现象,这种过冷液体是不稳定的,只要投入少许该物质的晶体便能诱发结晶并使过冷液体的温度回升到凝固点。相分离是针对混合物作为储热材料时发生的现象,在储热过程中,储热材料出现了不同相析出而无法再形成最初的混合物。

许多无机盐可以用作相变材料,用来存储热能,碳酸盐、硝酸盐、氯化物、氟化物等盐类最为常见,可单独或共晶混合使用,熔点大概在 200~900 ℃。常见的几种共熔融盐及其混合物的物性参数见表 7-3。

表 7-3 常用的几种共熔融盐及其混合物的物性参数

材料名称	熔点/℃	溶解热/(kJ/kg)
Na_2CO_3	854	359.48
Na_2SO_4	993	146.3
NaCl	801	405.46
$CaCl_2$	782	254.98
NaF	993	773.3
LiF	848	1 045
$LiNO_3$	252	526.68
Li_2CO_3	726	604.01
$CaCl_2(52\%) + NaCl(48\%)$	510	313
$NaCl(8.4\%) + NaNO_3(86.3\%) + Na_2SO_4(5.3\%)$	286.5	176.81
$NaNO_3(27\%) + NaOH(73\%)$	240	243.28

3. 复合储热

复合材料是指由两种或两种以上不同化学性质的组分所组成的材料，可以是相变材料与无机非金属材料的复合，如液体盐与陶瓷的复合，液态金属与陶瓷的复合，各种硝酸盐的复合。蓄热材料复合的目的在于充分利用各类储热材料的优点，克服一种材料的不足，比如采用一定的复合工艺，将熔融盐与合适的基体材料复合，熔融盐具有很大的相变潜热和化学稳定性等优点，基体材料能够强化蓄放热过程的传热，并解决蓄热材料液相的泄漏和腐蚀问题。

4. 化学储热

化学储热实际上就是利用储热材料相接触时发生化学反应，而通过化学能与热能的转换把热能存储起来。化学反应储能是一种高能量高密度的储能方式，它的储能密度一般都高于显热和潜热存储，而且此种储能体系通过催化剂或产物分离方法极易用于长期能量存储，但其在实际使用时存在技术复杂、一次性投资大及整体效率不高等缺点。化学储能是一门崭新的科学，目前仍没能得到广泛应用，今后在这一方面应致力于选择和研究优良的反应材料（主要包括结晶水合物和复合材料），克服各自的不足，逐步向实际工程应用发展。

选择化学储热材料的标准：要求材料的反应热效应大；反应温度合适；无毒、无腐蚀，不易燃易爆；价格低廉；反应不产生副产品；可逆化学反应速率要适当，以便于能量存入与取出；反应时材料的体积变化要小；对相关结构材料无腐蚀性。要完全满足这些条件非常困难，此外化学反应储热技术的系统很复杂，虽然目前极为关注，但距离工程应用还比较遥远。

第三节 蒸汽蓄热器技术

蒸汽蓄热器技术是一种以水为储热介质的蒸汽容器，是提高蒸汽使用可靠性和经济性的一种高效节能减排设备，可广泛应用于钢铁、冶金、纺织印染、纤、制浆造纸、酿酒、制药、食品加工、发电等行业。蒸汽储热器如图7-6所示。

图7-6 蒸汽储热器

蒸汽的存储和利用最早是德国的拉特教授提出的,1873 年,美国的麦克·马洪将蒸汽以高温热水的形式存储,为现代蒸汽蓄热器奠定了基础。1880 年,裴里希·列任斯和布洛尔·夏洛斯基博士在德国获得了蒸汽蓄热器专利;1921 年爱斯脱尔拔制造了 1 000 m^3 的大容量汽罐。1916 年,瑞典工程师鲁茨博士发明了著名的鲁茨蓄热器(蒸汽蓄热器),为蓄热器的广泛应用打开了局面。鲁茨蓄热器广泛用于蓄热始于 1921 年,到 1935 年为止,鲁茨蓄热器已应用了 500 多台。

鲁茨博士最初设置的蓄热器,效果惊人,可以节能 12%~37%,生产率增长 7%~45%,锅炉容量减少一半,因为鲁茨博士功绩卓著,被誉为蓄热器之父。

蒸汽蓄热器从 20 世纪 20 年代起,一直被广泛应用于各工业企业,用来平衡高峰负荷,稳定锅炉工况。蒸汽蓄热器在火电站也有不少典型应用,1920 年,在瑞典的马尔摩,鲁茨设计的蓄热器用于一座 3.75 MW 的电站中,首次配合汽轮机联合运行。1927 年 6 月,在基尔召开的德国电气工程师协会会议中,专门讨论了利用鲁茨蓄热器供应火电站在高峰负荷时所需的超额蒸汽问题。1929 年,柏林最大的火电站安装了 16 个容量为 300 m^3 的蓄热器,为两台 25 MW 的汽轮机供汽,可在高峰负荷下持续供汽 3 h。

20 世纪 50 年代初,山西省太原钢铁厂从奥地利引进了两台 80 m^3 的蓄热器,与 50 t 的转炉配套使用。1959 年,第六机械工业部第九设计院与上海渔轮修造厂合作为该厂 5 t 的蒸汽锤设计、安装了一台容积为 22 m^3、压力为 1 MPa 的蓄热器。1969 年,上海造船厂安装了一台容量为 22 m^3、压力为 1 MPa 的蓄热器,配合锅炉供汽给锻锤使用。1970 年至 1972 年,四川省攀枝花钢铁厂、上海第五钢铁厂和辽宁省鞍山钢铁厂为了配合转炉汽化冷却,分别安装了两台容量为 42 m^3 和一台容量为 22 m^3 的蓄热器。直到 20 世纪 70 年代中期,我国自行设计、制造、安装的蓄热器先后在机械、造纸、船舶、钢铁、煤气、化工等工业企业中得到应用。1982 年底,上海松江纸浆厂安装了 100 m^3 的蓄热器。图 7-7 所示为蒸汽蓄热器的结构与工作原理。

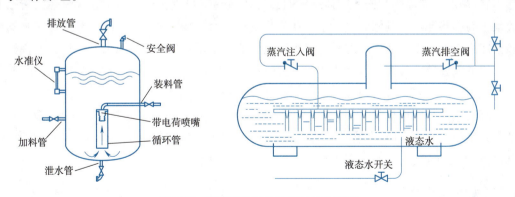

图 7-7 蒸汽蓄热器的结构与工作原理

蒸汽蓄热器是热能的吞吐仓库,一般为卧式圆筒体,内装软化水。充热过程:当用汽负荷下降时,锅炉产生的多余蒸汽以热能形式通过充热装置充入软水中存储,使蓄热器内水的压力、温度上升,形成一定压力下的饱和水。放热过程:当用汽负荷上升,锅炉供汽不足时,随着压力下降,蒸汽蓄热器内饱和水成为过热水而产生自蒸发,向用户供汽。通过蓄热器对热能的吞吐作用,使供热系统平稳运行,从而可使锅炉在满负荷或某一稳定负荷下平稳运行。蓄热器中的水既是蒸汽和水进行热交换的介质,又是蓄存热能的载体。

在一定压力下,虽然相同质量的蒸汽比水的焓值高得多,但蒸汽比容很大,因此相同容积水的含热量远远大于蒸汽的含热量,这就是蒸汽蓄热器能够吞吐大量热能的原理。当压力为 0.78 MPa 时,相同容积饱和水的含热量是蒸汽的 58.8 倍。饱和蒸汽焓为 2 767 kJ/kg,密度为 4.08 kg/m^3,每立方米蒸汽的含热量为 11 289 kJ;饱和水焓为 739 kJ/kg,密度为 898 kg/m^3,每立方米饱和水含热量为 663 622 kJ,一台 50 m^3 的蒸汽蓄热器(容水系数取 0.9),假如充热压力为 0.98 MPa,放热压力为 0.39 MPa,其自蒸发能力可达 2 500 kg(供汽压力低于 0.98 MPa),相当于一台 4 t/h 锅炉在中等负荷时的供汽量。

蒸汽蓄热器的应用范围有用汽负荷波动较大的供热系统,如制浆造纸、化纤、纺织等行业;瞬时用汽量较大的供热系统,如使用蒸汽喷射真空泵的行业,间隙制气的煤气厂、氮肥厂等;汽源供汽不稳定的供热系统,如采用余热锅炉供气,采用汽化冷却供汽的体系。锅炉负荷往往受余热量变化的影响而不能稳定,采用蓄热器后可使热系统稳定运行;需要随时供汽,随时用汽的供热系统,例如间断用汽(不连续),随时用汽(早晚用汽多,中午用汽少,白天用汽多,晚上用汽少)的宾馆、饭店等。总之,蓄热器可有效解决蒸汽的供需矛盾,从而稳定锅炉运行工况,达到提高蒸汽品质、稳定生产工艺、节能降耗的目的,凡是蒸汽负荷不稳定的供热系统,使用蒸汽蓄热器都可起到良好效果。

第四节 太阳能储热技术

一、固体显热储热

德国航天航空研究中心(DLR)研究开发出耐高温混凝土和铸造陶瓷等固体储热系统,由储热材料、高温传热流体和嵌入固体材料的圆管式换热管组成。在储热阶段热流体沿着换热管流动把高温热能传递到储热材料中。在放热阶段,冷流体沿着相反方向流动从储热材料中吸收热能用来发电。在西班牙的阿尔梅里亚太阳能实验基地(PSA)的 WESPE 项目中,高温混凝土和铸造陶瓷储热最高温度为 400 ℃,储热能力为 350 kW·h。每个储热换热单元由 36 根单管组成,管外径为 25 mm,内径为 21 mm,管间距为 80 mm。

混凝土储热装置造价很低,配置灵活,操作简便。混凝土的主要原料是沙子和砾石,在沙漠地带几乎免费就可获取,在终年阳光明媚的地区,如我国新疆的塔克拉玛干,内蒙古的巴丹吉林沙漠、腾格里沙漠,这种混凝土储热器非常值得开发推广。

二、液体显热储热

1. 常见液体显热储热介质

目前,比较常用的液体储热介质包括各种熔融盐、矿物油、导热油、液体金属和水等。熔融盐具有较好的储热传热性能,工作温度与高温高压的蒸汽轮机相匹配,在常压下是液态,不易燃烧、没有毒性,而且成本较低,更适合高温太阳能光热发电。现在应用较广的熔融盐主要有二元熔融盐和三元熔融盐。

2. 太阳能光热发电双罐熔融盐储热

双罐熔融盐储热系统是指太阳能光热发电系统包含两个储热罐，一个高温储热罐；另一个低温储热罐。其按照储热方式可分为直接储热系统和间接储热系统。间接储热系统的传热介质和储热介质采用不同的物质，需要换热装置传递热量。间接储热系统常采用导热油作为传热介质，熔融盐液作为储热介质。传热介质与储热介质之间有油-盐换热器，工作温度不能超过400℃。其缺点是传热介质与储热介质之间通过换热器进行换热，带来间接换热损失。

直接储热系统中传热流体既作为传热介质，又作为储热介质，不存在油-盐换热器，适用于400~500℃的高温工况，从而使朗肯循环的发电效率达到40%。对于管道平面布置的槽式太阳能光热发电系统，需要使用电伴热的方法防止熔融盐液传热介质的冻结。塔式太阳能光热发电系统的管网绝大部分是竖直布置在塔内，其工作温度比槽式光热电站高，传热介质容易排出，因此直接储热的双罐熔融盐储热系统对塔式系统是比较好的选择。

在太阳能光热发电技术中，最常见的储热方法是利用熔融盐双罐储热，双罐熔融盐储热系统中冷罐和热罐分别单独设置，技术风险低，是目前较常用的大规模太阳能光热发电储热方法，但双罐系统需要较多的储热介质和较高维护费用。

3. 单罐储热

行业内研究过使用一个罐体进行储热的方法，即单罐储热，液体在条件允许情况下可实现温度分层，冷热流体共同保存在一个容器中，储热材料可以是一些低成本的固体储热材料。

单罐斜温层储热系统的结构比较简单，它只需要一个储热罐，同时里面可以填充低成本的沙石等储热材料，代替大部分熔融盐。大约70%的空间可以被低成本的石块占据，所以可大幅降低熔融盐的使用量，它的储热成本和双罐相比可下降35%。液体在条件允许情况下可实现温度分层，冷热流体共同保存在一个容器中，单罐储热存在一个斜温层，在这一层内的温度随深度变化较在这层之上或者下层的温度变化都快，如图7-8所示。

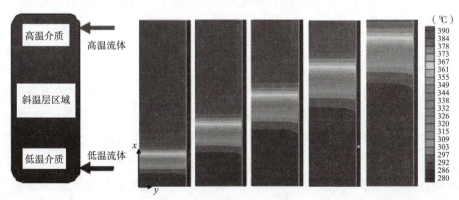

图7-8 单罐斜温层储热

斜温层储热在充放热过程中也实现了多尺度的传热过程,而多尺度的传热规律对系统动态特性和效率特性都有比较重要的影响。

斜温层储热和双罐储热相比有一个典型的特点,它在运行时,高温低温流体中间有一个温度梯度区域,称为斜温层区域。随着系统运行,斜温层区域在上下移动过程中也会不断扩张,这个扩张带来的结果,就是它的充放热速率,以及熔融盐的出口温度会变化,需要设定截止运行温度。由于截止温度的存在,连续的充放热以后,放热的截止时刻以及充热的截止时刻,它的罐内并不是完全充满,或者完全放空的状态,可以看出最里面的两条曲线,一个是放热截止一个是充热截止,它里面的温度是存在着高温区和低温区的,所以它是一个部分充放热,这样的话就会导致理论上的储热容量并不能百分之百得到利用,可以将其定义成有效利用率,研究发现这个有效利用率和系统运行的截止温度有非常重要的关系,简单来说有效利用率和截止温度的关系可以用幂函数表示。所以,当设计这种系统时,必须考虑实际设计的储热容量应该有多少,它是要大于理论容量的,而这个需要根据有效利用率的变化,以及它的规律进行分析,设计实际容量需要多少。

华北电力大学徐超教授针对单罐斜温层循环充放热过程中斜温层扩张导致效率下降的问题,也提出了单罐双罐复合的储热技术。整个储热基于一个大的单罐保证低成本,同时又集成了两个小的罐子作为双罐储热,这时双罐储热主要作为缓冲用,在太阳能波动比较大时,不需要用单罐系统进行响应,可以用双罐进行响应,从而可以避免对于单罐储热系统的频繁操作。另一方面,熔融盐泵就不需要放在大的单罐系统中,可以放在小的双罐中,它对熔融盐泵的液下深度要求会降低,也可以进一步降低系统成本。

总体来说,关于单罐储热系统,国内以及国际上都有不同程度的一些中试研发,还需要克服一些问题,一个是单罐储热系统因为它既有高温段也有低温段,而且需要不停地运动,这时对于热循环下罐体的应力破坏,要着重考虑,因为这个系统缺乏大规模示范,在应用方面还有待进一步实验验证。二是在开发单罐储热技术以及新型单罐储热技术的过程中还会面临其他问题,比如填充颗粒的稳定性,与换热流体的相容性,以及使用高温相变颗粒时它的封装方法及封装工艺。因为斜温层会持续扩张,如果可能的话还需要开发斜温层的主动控制技术。此外,与太阳能光热发电,或者与整个能源互联网互连时,由于它本身的特点,还需要研究这种动态集成的性能以及调控方法。

4. 单罐储热案例

1982 年,美国能源部在加利福尼亚州建立的 Solar One 塔式太阳能电站采用单罐间接式储热系统,储热流体为导热油,温度范围为 218 ~ 302 ℃,储热能力为 182 MW·h。罐内装有 6 170 t 砂石和 906 m^3 的 Caloria 型导热油,由于导热油最高温度的限制,发电循环的效率不太理想。图 7-9 所示为美国 Solar One 电站 10 MW 单罐温跃层储热原理。

总的来说,单罐储热技术在成本上具有优势,减少一个储罐后,总体成本可以降低 30% ~ 35%。单罐储热的缺点主要表现为效果不佳,未能推广,运行过程控制困难,斜温层保持难度较大。

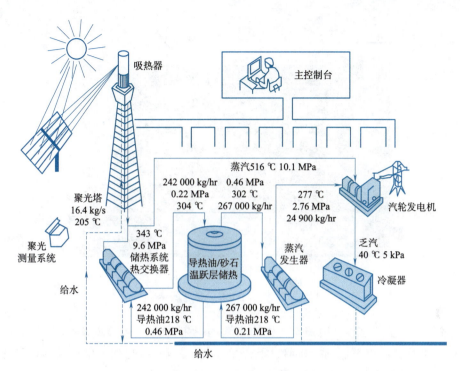

图 7-9　美国 Solar One 电站 10 MW 单罐温跃层储热原理

第五节　固体蓄热与水蓄热、熔融盐蓄热的对比

储热技术是以储热材料为媒介将太阳能光热、地热、工业余热、低品位废热等热能存储起来,在需要的时候释放;力图解决由于时间、空间或强度上的热能供给与需求间不匹配所带来的问题,最大限度地提高整个系统的能源利用率而逐渐发展起来的一种技术。

储热技术具有储能容量大、存储周期长、成本低等优点,据相关专家测算储热成本大概可以做到储电成本的 1/10 甚至更低,相比其他储能技术,储热更适合大规模储能的需求。据国际可再生能源署(IRENA)《创新展望:热能存储》报告显示,到 2030 年,储热装机的容量大概将增长到 800 GW·h 以上,中国的储热装机规模目前已达到 1.5 GW·h。在 2030、2060 双碳目标下,储热技术有望在清洁供热、火电调峰、清洁能源消纳等方面迎来较大的发展空间和机遇。

低谷电固体蓄热设备是一种先进、高效的清洁供热产品,低谷电固体蓄热原理是将电网滞纳的低谷电能转化成热能存储起来,用于白天高峰电时供暖或供热水使用,或者利用风电将不稳定的风能蓄存起来,变成稳定的热源往外输出,属于清洁无污染产品。固体蓄热介质为高纯度氧化镁砖。

固体蓄热原理如图 7-10 所示。固体蓄热设备工作分如下三个过程:

第一过程——加热过程。在蓄热体内电热丝通电发热,由电能转化为热能,通过热交换将热能存储于固体蓄热体中。主要是利用低谷电或弃风电加热蓄热池,满足白天高峰时段的用热需求。

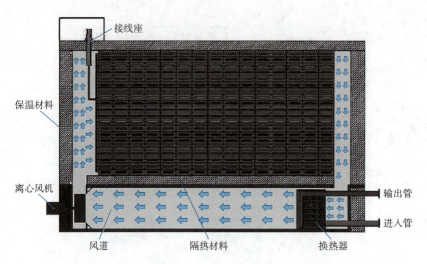

图 7-10　固体蓄热原理图

第二过程——蓄热过程。电热丝产生的热量,不断被固体氧化镁砖吸收,蓄热砖的温度不断升高,温度可从常温直至达到 750 ℃ 以上,蓄热过程完成。蓄热池外层采用高等绝热材料,使高温蓄热池与外界环境达到热绝缘状态,保证蓄热系统高效节能。

第三过程——放热过程。根据用户侧热量需求,设备可按照预先设定好的程序,通过变频风机和水泵实现气-水换热,将蓄热池的热量逐步释放出来。

常见的熔融盐主要有碳酸盐、氯化盐、硝酸盐以及氟化盐等。其中碳酸盐及其混合物价格不高,溶解热大,腐蚀性小,密度大,但是碳酸盐的熔点较高而且液态碳酸盐的黏度大,有些碳酸盐容易分解。氯化盐价格一般都很便宜,可以制成不同熔点的混合盐,缺点是腐蚀性强。氟化盐具有很高的熔点及很大的熔融潜热,但氟化盐液固相变时体积收缩大,且热导率低。硝酸盐的优点是价格低、腐蚀性小及在 500 ℃ 以下不会分解,缺点则是溶解热小、热导率低。

熔融盐蓄热属于相变蓄热技术,目前使用的熔融盐多为氯化盐、硝酸盐等晶体,受热时由固态变为液态,吸收热量,此为蓄热过程。放热时由液态变为固态,释放凝固热,熔融盐蓄热主要靠物相变化时吸热/放热(物相潜热)完成蓄热/放热。

熔融盐蓄热的特点是熔融盐的相变热比较小,熔点比较低,蓄热密度比较小;蓄热介质为晶体盐,使用过程中物相在固态-液态之间转换,目前使用过程的相分离不利因素一直没能攻克,熔融盐的相变热会逐渐衰变,定期要更换介质,运行成本较高;在放热过程中熔融盐容易结块,会出现固态熔融盐有大块空隙,蓄热密度和导热系数都降低;液态熔融盐对换热器铜管、钢管有腐蚀性,换热器必须采用耐腐蚀的材料,这样换热器效率较低;熔融盐蓄热适合用蒸汽等低品位热源,不适合高品位电能热源。固体蓄热、水蓄热、熔融盐蓄热对比分析见表 7-4。

表 7-4　固体蓄热、水蓄热、熔融盐蓄热对比分析

对比项目	固体蓄热技术	水蓄热技术	熔融盐蓄热技术
蓄热温度/℃	750	95	250
供热水温度/℃	65	65	65
蓄热介质	氧化镁砖	水	氯化盐、硝酸盐
蓄热密度/(kW/m³)	870	24.8	350
特点	蓄热密度大，是水的 25 倍，占地面积小	蓄热密度小，占地面积大，蓄热工程总造价高	蓄热密度介于固体和液体之间

第六节　我国储能产业发展现状与特点

近年来，在政府、行业、企业的共同推动下，中国储能产业在项目规划和产能布局等方面发展加快，特别是储能的市场地位、商业模式和经济价值在政策层面逐渐得到承认。随着电化学储能的迅猛发展，初步形成了新能源加储能的融合发展态势。但受水资源所限，抽水蓄能发展相对稳定，光热储能目前尚处于起步阶段，飞轮储能逐步进入商业化规模化应用的导入期。总体而言，我国储能产业发展现状与特点主要表现在以下几个方面。

1. 储能资源总量仍以抽水蓄能为主

截至 2020 年底，中国已投运的储能项目累计装机规模 35.6 GW，占全球市场总规模的 18.6%，同比增长 9.8%。与全球储能市场类似，抽水蓄能仍然是最主要的储能方式，累计装机规模 31.79 GW，同比增长 4.9%。

2. 电化学储能发展迅速

近年来，随着技术成熟度不断提高以及系统成本逐步下降，电化学储能发展非常迅速，应用范围和场景不断扩大，能够与电力系统、通信基站、数据中心、轨道交通、电动汽车、智能电网等下游有机融合发展，催生了诸多新业态。在市场规模不断扩大、成本持续下降的推动下，电化学储能一直保持高速增长态势。截至 2020 年底，电化学储能累计装机规模 3 269.2 MW，占我国累计装机规模的 9.2%，同比增长 91.2%。2015—2020 年，我国电化学储能装机复合增长率超过 80%。仅 2020 年中国新增投运的电化学储能项目装机规模就达到了 1.56 GW，年复合增加率达到 91%。

3. 储能产业链布局不断完善，产业进入商业化初期

目前，我国储能产业从材料生产、设备制造到系统集成、资源回收等环节已经初步建立了较为完备的产业链。除了材料等某些关键环节技术依赖进口，基本实现对主流成熟技术路线的掌握以及前沿技术的布局。在国内，在能源系统转型推动下，不同类型储能的技术路线研发齐头并进，技术瓶颈逐步突破，形成了电化学储能技术渐趋成熟、多种储能技术多点开花的技术研发格局。一大批技术领先的储能厂商奠定了我国储能规模化发展的产业基础。储能产业已经步入商业化初期，储能对能源系统转型的关键作用也得到业内的认可。

4. 储能的融合发展态势显现，储能应用新模式不断涌现

2020年，在高比例可再生能源消纳压力下，储能技术成为当前大规模消纳可再生能源的重要技术支撑，新能源加储能融合发展模式得到极大推广。20个省（市、区）的地方政府和电网企业出台了集中式新能源加储能配套发展的鼓励政策。此外，国家发改委、国家能源局陆续出台鼓励风光水火储一体化、源网荷储一体化的指导意见，明确了在电源侧和负荷侧的基地建设中增加储能以实现系统灵活坚强发展的目标。

随着5G通信、数据中心、新能源汽车充电站等新基建建设加速，储能在发电侧和用户侧应用的广度和深度都在不断拓展与加深，逐步发挥了稳定电力系统安全运行的作用，跨界融合的应用价值也初步显现。值得一提的是，近年来在相关配套政策支持下，储能应用范围不断拓宽，市场不断涌现"共享""代理"等储能商业运营新模式。比如青海省推出的共享储能模式，突出了储能的独立主体身份。

5. 政府对储能高度重视，储能发展面临有利的政策环境

"十三五"以来，国家相关部委和地方政府陆续发布鼓励储能发展的产业政策。2017年由五部委联合发布的《关于促进储能技术与产业发展的指导意见》，是我国储能产业第一份综合性政策文件，它明确了储能技术对于构建我国"清洁低碳、安全高效"的现代能源产业体系，推进我国能源行业供给侧结构性改革，推动能源生产和利用方式变革的战略意义，指明了储能产业发展的方向和目标。随后，针对储能的市场地位、调频调峰、参与辅助服务市场等焦点问题，相关部门陆续出台了细化政策，基本明确了储能的市场主体身份，界定了各类市场主体和用户端通过储能提供能源系统灵活性的基本条件，提出提供系统灵活性成本逐步向用户传导的发展思路。

储能技术介绍

2021年7月，《关于加快推动新型储能发展的指导意见》正式发布，不仅明确了储能在2025、2030年的发展目标（到2025年，实现新型储能从商业化初期向规模化发展转变，装机规模达3 000万kW以上；2030年，新型储能成为能源领域碳达峰碳中和的关键支撑之一的目标），更大亮点是明确了储能的独立市场主体地位，肯定了储能容量价值，为储能公平参与电力市场提供了政策依据。

思 考 题

1. 机械储能的原理是什么？
2. 太阳能光热发电系统储热系统的作用是什么？
3. 蒸汽储热器的原理是什么？
4. 什么是显热储热？什么是潜热储热？
5. 熔融盐蓄热有哪些特点？

练 习 题

练习题 1

1. 聚光比的两种定义分别为_____；_____。理论上哪种聚光比偏大_____。
2. 大气对太阳辐射的衰减作用主要在三个方面，分别为_____；_____；_____。
3. 散射和反射的作用使太阳能总辐射(GHI)分为_____、_____、_____。
4. 标注太阳位置的两种坐标系分别为_____；_____。
5. 在结构上常采用_____与_____两种方式确定太阳在天空中的位置，这两种跟踪方法统称为视日跟踪法。
6. 太阳到达地球表面的光线并非平行光，而是张角为_____分的发散光。
7. 聚光的两种形式有_____式聚光和_____式聚光。
8. 太阳高度角+太阳天顶角等于_____度。
9. 太阳高度角越大，辐照度_____；太阳高度角越小，光线穿过大气的路程_____，能量衰减_____，到达地面的能量就_____。
10. 聚光过程中会有哪些能量的损失因素？
    _____；_____；_____；_____。

练习题 2

一、多选题

1. 四种发电方式中属于点状聚光和面聚焦的发电方式是(　　)。
   A. 碟式　　　B. 塔式　　　C. 槽式　　　D. 菲涅尔
2. 四种光热发电方式中属于双轴跟踪的有(　　)。
   A. 槽式　　　B. 塔式　　　C. 菲涅尔　　　D. 碟式
3. 四种发电方式中造价成本最低，发电效率较低的是(　　)；造价成本相对较高昂、大规模商业化运行较少的是(　　)。
   A. 槽式　　　B. 菲涅尔　　　C. 塔式　　　D. 碟式
4. 四种光热发电方式中，商业化运行经验最丰富的是(　　)；可用熔融盐储热的聚光温度可达 1 000 ℃ 的是(　　)。
   A. 槽式　　　B. 菲涅尔　　　C. 塔式　　　D. 碟式

二、填空题

1. 太阳能光热发电的四种方式为_____；_____；_____；_____。
2. 太阳能光热电站通常由四个子系统组成，分别为_____；_____；_____；_____。

三、简答题

1. CSP 的英文全名和中文全称是什么？

2. 四种光热发电方式中成本最低、结构最简单、发电效率最低的是哪种发电方式？管道系统最复杂的是哪种方式？
3. 光热发电中的吸热器(吸热塔、真空集热管等)温度与哪些因素有关？
4. 槽式发电方式的两大技术难点是什么？

练习题 3
一、填空题
1. 真空集热管内部的金属管外表面镀的膜层起到_____的作用；罩玻璃管外表面的增透膜涂层起到_____的作用。
2. 真空集热管的失效表现在_____三个方面。
3. 真空集热管的结构有镀有涂层的金属内管、_____、_____、_____、_____、_____。

二、简答题
1. 超白浮法玻璃的特点有哪些？
2. 抛物面反射镜的制作工艺流程是什么？
3. 抛物面发射镜的结构层名称和其对应的作用是什么？
4. 真空集热管要在光热电站中使用,需要保证的基本性能要求有哪些？

练习题 4
一、多选题
1. 下列关于导热油特性描述正确的是(　　)。
   A. 价格低廉　　　　　　　　B. 导热性能良好
   C. 遇空气不会被氧化　　　　D. 高温状态下暴露在空气中遇明火易燃
2. 关于 DPO/BP(导热油)和 helisol®5 新型有机硅油的对比,下列说法正确的有(　　)。
   A. 有机硅油的热稳定性和耐高温性比导热油的更好
   B. 长期在高温运行情况下,导热油的裂解程度比有机硅油更严重
   C. 有机硅油有更好的使用下限和上限温度
   D. 使用有机硅油作为传热介质会降低度电成本
3. 下列属于熔融盐的缺点是(　　)。
   A. 腐蚀性强　　　　　　　　B. 容易发生泄漏事故
   C. 价格昂贵、有毒　　　　　D. 有冻堵管道的危险
4. 熔融盐腐蚀性强的原因是其内部的_____和_____离子导致的。(　　)
   A. 氯离子　　　　　　　　　B. 硝酸根离子
   C. 硫酸根离子　　　　　　　D. 氢离子

二、填空题
1. Dowtherm A 导热油的工作温度范围是_____。
2. 导热油的成分是_____和_____；各占比例是_____和_____。
3. 槽式电站在注入导热油时需要注意的两点是_____和_____。

4. 用在塔式电站中的熔融盐成分为_____和_____；比例各为_____和_____。

5. 熔融盐四高三低的优势指的是，四高为_____、_____、_____、_____；三低为_____、_____、_____。

6. 二元混合盐开始熔解的温度为_____，开始凝固的温度为_____。

7. 三元熔融盐（HITEC）也是常用的熔融盐，成分为53%硝酸钾、_____和_____。

练习题5

判断题

1. 塔式定日镜的面积越大越好。（　　）
2. 抛物面反射镜是标准化的产品，定日镜是定制化的产品，可以根据设计需要做成不同大小。（　　）
3. 2019年12月试运行成功的敦煌百兆瓦级塔式光热电站标志着我国成为世界上少数掌握建造百兆瓦级光热电站技术的国家之一。（　　）
4. 定日镜的结构原理与抛物面反射镜的结构是一样的。（　　）
5. 与水/蒸汽电站系统相比，熔融盐电站系统由于高温运行时管路压力较低，甚至可以实现超临界、超超临界等高参数运行模式。（　　）
6. 用空气作为塔式电站的传热介质是非常普遍的。（　　）
7. 用液态金属钠作为塔式电站的传热介质是最好的选择。（　　）
8. 腔体式吸热器的热损失较大，外置式吸热器限制的镜场的布置，只能在一侧布置镜场。（　　）
9. 为减少热损失，腔式吸热体的四周和上下面均有保温材料。（　　）
10. 外置式吸热器，一般不选用保温材料，吸热器上下部分必须设置耐火及保温材料，防止吸热塔结构受损。（　　）

练习题6

一、填空题

1. 太阳能光热发电站宜选择太阳光照时间长，直射辐射值DNI≥_____ kW·h/(m²·a)，且日变化小、海拔高、风速小的地区。
2. 我国新疆、内蒙古等属于_____气候。
3. 由于槽式光热电站线性聚光的特性，聚光场管路往往很长，因此在_____、_____、_____等处需要采用大量绝热保温材料进行防护，避免温度损失。
4. 在塔式熔融盐电站中，因为熔融盐传输管道比较短，因此防护重点在集热塔和熔融盐吸热器_____、_____等容易产生热量损失的地方。
5. 应用范围最广，最重要的二次能源是_____能。
6. 抽水蓄能电站在用电低谷期存储电能时利用的是_____能转化为_____能的原理。
7. parabolic trough solar power 翻译为中文是_____。

8. design point 翻译为中文是_____。

9. cosine loss 翻译为中文是_____。

10. collector/solar field 翻译为中文是_____。

二、简答题

1. 简述光热电站选址的基本要求。
2. 简述光热电站保温绝热材料需具备的特性。
3. 简要描述电伴热和保温材料保温的区别。
4. 根据自己的理解与想法,简单谈一谈对于降低光热电站的成本应该从哪些方面入手。

附　　表

附表 1　Dowtherm A 导热油液态特性表

温度/ ℃	压力/ 0.1 MPa	黏度/ (MPa·s)	比热容/ [kJ/(kg·K)]	热导率/ [W/(m·K)]	密度/ (kg/m³)
12	0	5.52	1.55	0.140	1 066
15	0	5.00	1.56	0.140	1 064
20	0	4.29	1.57	0.139	1 060
25	0	3.71	1.59	0.138	1 056
30	0	3.25	1.60	0.137	1 052
35	0	2.87	1.62	0.136	1 048
40	0	2.56	1.63	0.136	1 044
45	0	2.30	1.64	0.135	1 040
50	0	2.07	1.66	0.134	1 036
55	0	1.88	1.67	0.133	1 032
60	0	1.72	1.69	0.132	1 028
65	0	1.58	1.70	0.132	1 024
70	0	1.46	1.72	0.131	1 020
75	0	1.35	1.73	0.130	1 016
80	0	1.25	1.74	0.129	1 012
85	0	1.17	1.76	0.128	1 007
90	0	1.09	1.77	0.128	1 003
95	0.01	1.03	1.79	0.127	999.1
100	0.01	0.97	1.80	0.126	994.9
105	0.01	0.91	1.81	0.125	990.7
110	0.01	0.86	1.83	0.124	986.5
105	0.01	0.82	1.84	0.124	982.3
120	0.01	0.77	1.86	0.123	978.1
125	0.02	0.73	1.87	0.122	973.8
130	0.02	0.70	1.88	0.121	969.5
135	0.03	0.67	1.90	0.120	965.2
140	0.03	0.64	1.91	0.120	960.9
145	0.04	0.61	1.93	0.119	956.6
150	0.05	0.58	1.94	0.118	952.2
155	0.06	0.56	1.95	0.117	947.8

续上表

温度/℃	压力/0.1 MPa	黏度/(MPa·s)	比热容/[kJ/(kg·K)]	热导率/[W/(m·K)]	密度/(kg/m³)
160	0.07	0.53	1.97	0.116	943.4
165	0.08	0.51	1.98	0.116	938.9
170	0.09	0.49	2.00	0.115	934.5
175	0.11	0.47	2.01	0.114	930.0
180	0.13	0.46	2.02	0.113	925.5
185	0.15	0.44	2.04	0.112	920.9
190	0.18	0.42	2.05	0.112	916.4
195	0.21	0.41	2.07	0.111	911.8
200	0.24	0.39	2.08	0.110	907.1
205	0.28	0.38	2.09	0.109	902.5
210	0.32	0.37	2.11	0.108	897.8
215	0.37	0.35	2.12	0.108	893.1
220	0.42	0.34	2.13	0.107	888.3
225	0.48	0.33	2.15	0.106	883.5
230	0.54	0.32	2.16	0.105	878.7
235	0.61	0.31	2.18	0.104	873.8
240	0.69	0.30	2.19	0.104	868.9
245	0.77	0.29	2.20	0.103	864.0
250	0.87	0.28	2.22	0.102	859.0
255	0.97	0.27	2.23	0.101	854.0
260	1.08	0.27	2.25	0.101	851.9
265	1.20	0.26	2.26	0.100	849.0
270	1.33	0.25	2.27	0.100	843.9
275	1.48	0.24	2.29	0.099	838.7
280	1.63	0.24	2.30	0.098	833.6
285	1.80	0.23	2.32	0.097	828.3
290	1.98	0.22	2.33	0.096	823.0
295	2.17	0.22	2.34	0.096	817.7
300	2.38	0.21	2.36	0.095	812.3
305	2.60	0.20	2.37	0.094	806.8
310	2.84	0.20	2.39	0.093	801.3
315	3.10	0.19	2.40	0.092	795.8
320	3.37	0.19	2.42	0.091	790.1
325	3.66	0.18	2.43	0.090	784.4
330	3.96	0.18	2.45	0.089	778.6
335	4.29	0.17	2.46	0.088	772.8

续上表

温度/ ℃	压力/ 0.1 MPa	黏度/ (MPa·s)	比热容/ [kJ/(kg·K)]	热导率/ [W/(m·K)]	密度/ (kg/m³)
340	4.46	0.17	2.48	0.088	766.9
345	5.00	0.17	2.49	0.087	760.9
350	5.39	0.16	2.51	0.086	754.8
355	5.80	0.16	2.53	0.085	748.6
360	6.24	0.15	2.54	0.084	742.3
365	6.69	0.15	2.56	0.084	735.9
370	7.18	0.15	2.58	0.083	722.8
375	7.68	0.14	2.60	0.082	716.1
380	8.22	0.14	2.62	0.081	709.2
385	8.78	0.14	2.64	0.080	702.2
390	9.37	0.13	2.66	0.079	695
395	9.99	0.13	2.68	0.078	687.7
400	10.6	0.13	2.70	0.077	680.2
405	11.3	0.12	2.73	0.076	672.5
410	12.0	0.12	2.75	0.076	664.6
415	12.8	0.12	2.78	0.076	656.5
420	13.6	0.11	2.81	0.075	648.1
425	14.4	0.11	2.84	0.074	639.4

附表 2　Dowtherm A 导热油气态特性表

温度/ ℃	气化压力/ 0.1 MPa	液态焓/ (kJ/kg)	气化焓/ (kJ/kg)	气态焓/ (kJ/kg)	气态密度/ (kg/m³)	气态黏度/ (MPa·s)	气态热导率/ [W/(m·K)]	比热容/ [kJ/(kg·K)]	比热比 C_p/C_v
12	0.00	0.00	409	409		0.005	0.007 4	1.032	1.05
20	0.00	13.10	404.4	417.4		0.006	0.007 8	1.062	1.05
30	0.00	29.50	398.8	428.3		0.006	0.008 4	1.100	1.05
40	0.00	46.00	393.4	439.5		0.006	0.008 9	1.137	1.05
50	0.00	62.70	388.3	451.0	0.002	0.006	0.009 5	1.173	1.05
60	0.00	79.60	383.4	463.0	0.003	0.006	0.010 1	1.209	1.04
70	0.00	96.70	378.6	475.2	0.005	0.006	0.010 7	1.245	1.04
80	0.00	114.0	373.9	487.9	0.101	0.007	0.011 3	1.280	1.04
90	0.00	131.5	369.4	500.8	0.016	0.007	0.012 0	1.315	1.04
100	0.01	149.2	364.9	514.1	0.027	0.007	0.012 6	1.349	1.04
110	0.01	167.1	360.6	527.7	0.043	0.007	0.013 3	1.382	1.04
120	0.01	185.4	356.3	541.6	0.067	0.007	0.013 9	1.416	1.04
130	0.02	203.8	352.0	555.9	0.101	0.008	0.014 6	1.448	1.04
140	0.03	222.6	347.8	570.4	0.150	0.008	0.015 3	1.481	1.04

续上表

温度/℃	气化压力/0.1 MPa	液态焓/(kJ/kg)	气化焓/(kJ/kg)	气态焓/(kJ/kg)	气态密度/(kg/m³)	气态黏度/(MPa·s)	气态热导率/[W/(m·K)]	比热容/[kJ/(kg·K)]	比热比 C_p/C_v
150	0.05	241.6	343.6	585.2	0.217	0.008	0.016 0	1.512	1.04
160	0.07	260.9	339.4	600.3	0.307	0.008	0.016 7	1.544	1.04
170	0.09	280.5	335.2	615.7	0.426	0.008	0.017 4	1.575	1.03
180	0.13	300.4	331.0	631.3	0.581	0.009	0.018 1	1.606	1.03
190	0.18	320.5	326.7	647.2	0.780	0.009	0.018 9	1.636	1.03
200	0.24	340.9	322.4	663.3	1.031	0.009	0.019 6	1.666	1.03
210	0.32	361.6	318.0	679.7	1.344	0.009	0.020 4	1.696	1.03
220	0.42	382.6	313.6	696.2	1.730	0.009	0.021 1	1.726	1.03
230	0.54	403.9	309.1	713.0	2.201	0.010	0.021 9	1.755	1.03
240	0.69	425.4	304.5	729.9	2.768	0.010	0.022 7	1.785	1.04
250	0.87	447.2	299.8	747.0	3.446	0.010	0.023 4	1.814	1.04
257	1.01	462.9	296.4	759.2	4.003	0.010	0.024 0	1.835	1.04
260	1.08	469.3	294.9	764.3	4.250	0.010	0.024 2	1.843	1.04
270	1.33	491.7	290.0	781.7	5.196	0.010	0.025 0	1.872	1.04
280	1.63	514.3	284.9	799.2	6.301	0.011	0.025 8	1.902	1.04
290	1.98	537.3	279.6	816.9	7.586	0.011	0.026 7	1.931	1.04
300	2.38	560.5	274.2	834.7	9.071	0.011	0.027 5	1.961	1.04
310	2.84	583.9	268.6	852.6	10.78	0.011	0.028 3	1.991	1.04
320	3.37	607.7	262.8	870.5	12.74	0.011	0.029 2	2.021	1.05
330	3.96	631.7	256.8	888.6	14.98	0.012	0.030 0	2.052	1.05
340	4.64	656.1	250.5	906.6	17.53	0.012	0.030 9	2.084	1.05
350	5.39	680.7	244.0	924.7	20.43	0.012	0.031 7	2.116	1.06
360	6.24	705.7	237.2	942.8	23.73	0.012	0.032 6	2.150	1.06
370	7.18	730.9	230.0	960.9	27.47	0.013	0.033 5	2.186	1.07
380	8.22	756.5	222.5	979.0	31.73	0.013	0.034 4	2.224	1.07
390	9.37	782.4	214.5	997.0	36.58	0.013	0.035 4	2.264	1.08
400	10.6	808.7	206.1	1 015	42.11	0.014	0.036 3	2.309	1.09
410	12.0	835.4	197.1	1 033	48.45	0.014	0.037 3	2.359	1.10
420	13.6	862.5	187.5	1 050	55.77	0.014	0.038 3	2.471	1.12
425	14.4	876.3	182.3	1 059	59.86	0.015	0.038 8	2.450	1.13

附表3　二元熔融盐(60% $NaNO_3$ +40% KNO_3)特性参数表

温度/℃	密度/(kg/m³)	绝对黏度/(Pa·s)	比热/[kJ/(kg·K)]	导热系数/[W/(m·K)]	饱和蒸汽压/MPa
230	1 943.7	0.005 39	1.482 6	0.486 7	0.000 8
235	1 940.5	0.005 20	1.483 4	0.487 7	0.000 9

续上表

温度/℃	密度/(kg/m³)	绝对黏度/(Pa·s)	比热/[kJ/(kg·K)]	导热系数/[W/(m·K)]	饱和蒸汽压/MPa
240	1 937.4	0.005 01	1.484 3	0.488 6	0.001 0
245	1 934.2	0.004 84	1.485 1	0.489 6	0.001 1
250	1 931.0	0.004 67	1.486 0	0.490 5	0.001 3
255	1 927.8	0.004 50	1.486 9	0.491 5	0.001 4
260	1 924.6	0.004 34	1.487 7	0.492 4	0.001 5
265	1 921.5	0.004 19	1.488 6	0.493 4	0.001 7
270	1 918.3	0.004 04	1.489 4	0.494 3	0.001 8
275	1 915.1	0.003 90	1.490 3	0.495 3	0.002 0
280	1 911.9	0.003 76	1.491 2	0.496 2	0.002 2
285	1 908.7	0.003 63	1.492 0	0.497 2	0.002 4
290	1 905.6	0.003 50	1.492 9	0.498 1	0.002 7
295	1 902.4	0.003 38	1.493 7	0.499 1	0.002 9
300	1 899.2	0.003 26	1.494 6	0.500 0	0.003 1
305	1 896.0	0.003 15	1.495 5	0.501 0	0.003 4
310	1 892.8	0.003 04	1.496 3	0.501 9	0.003 7
315	1 889.7	0.002 94	1.497 2	0.502 9	0.004 0
320	1 886.5	0.002 84	1.498 0	0.503 8	0.004 4
325	1 883.3	0.002 75	1.498 9	0.504 8	0.004 7
330	1 880.1	0.002 66	1.499 8	0.505 7	0.005 1
335	1 876.9	0.002 57	1.500 6	0.506 7	0.005 5
340	1 873.8	0.002 49	1.501 5	0.507 6	0.005 9
345	1 870.6	0.002 41	1.502 3	0.508 6	0.006 3
350	1 867.4	0.002 34	1.503 2	0.509 5	0.006 8
355	1 864.2	0.002 27	1.504 1	0.510 5	0.007 3
360	1 861.0	0.002 20	1.504 9	0.511 4	0.007 8
365	1 857.9	0.002 13	1.505 8	0.512 4	0.008 4
370	1 854.7	0.002 07	1.506 6	0.513 3	0.009 0
375	1 851.5	0.002 02	1.507 5	0.514 3	0.009 6
380	1 848.3	0.001 96	1.508 4	0.515 2	0.010 2
385	1 845.1	0.001 91	1.509 2	0.516 2	0.010 9
390	1 842.0	0.001 86	1.510 1	0.517 1	0.011 6
395	1 838.8	0.001 82	1.510 9	0.518 1	0.012 4
400	1 835.6	0.001 78	1.511 8	0.519 0	0.013 2
405	1 832.4	0.001 74	1.512 7	0.520 0	0.014 0
410	1 829.2	0.001 70	1.513 5	0.520 9	0.014 9
415	1 826.1	0.001 66	1.514 4	0.521 9	0.015 7

续上表

温度/°C	密度/(kg/m³)	绝对黏度/(Pa·s)	比热/[kJ/(kg·K)]	导热系数/[W/(m·K)]	饱和蒸汽压/MPa
420	1 822.9	0.001 63	1.515 2	0.522 8	0.016 7
425	1 819.7	0.001 60	1.516 1	0.523 8	0.017 7
430	1 816.5	0.001 57	1.517 0	0.524 7	0.018 7
435	1 813.3	0.001 54	1.517 8	0.525 7	0.019 8
440	1 810.2	0.001 52	1.518 7	0.526 6	0.020 9
445	1 807.0	0.001 49	1.519 5	0.527 6	0.022 0
450	1 803.8	0.001 47	1.520 4	0.528 5	0.023 2
455	1 800.6	0.001 45	1.521 3	0.529 5	0.024 5
460	1 797.4	0.001 43	1.522 1	0.530 4	0.025 8
465	1 794.3	0.001 41	1.523 0	0.531 4	0.027 1
470	1 791.1	0.001 40	1.523 8	0.532 3	0.028 5
475	1 787.9	0.001 38	1.524 7	0.533 3	0.030 0
480	1 784.7	0.001 37	1.525 6	0.534 2	0.031 5
485	1 781.5	0.001 35	1.526 4	0.535 2	0.033 0
490	1 778.4	0.001 34	1.527 3	0.536 1	0.034 7
495	1 775.2	0.001 33	1.528 1	0.537 1	0.036 3
500	1 772.0	0.001 31	1.529 0	0.538 0	0.038 1
505	1 768.8	0.001 30	1.529 9	0.539 0	0.039 9
510	1 765.6	0.001 29	1.530 7	0.539 9	0.041 7
515	1 762.5	0.001 28	1.531 6	0.540 9	0.043 6
520	1 759.3	0.001 27	1.532 4	0.541 8	0.045 6
525	1 756.1	0.001 25	1.533 3	0.542 8	0.047 6
530	1 752.9	0.001 24	1.534 2	0.543 7	0.049 7
535	1 749.7	0.001 23	1.535 0	0.544 7	0.051 9
540	1 746.6	0.001 22	1.535 9	0.545 6	0.054 1
545	1 743.4	0.001 20	1.536 7	0.546 6	0.056 4
550	1 740.2	0.001 19	1.537 6	0.547 5	0.058 8
555	1 737.0	0.001 18	1.538 5	0.548 5	0.061 2
560	1 733.8	0.001 16	1.539 3	0.549 4	0.063 7
565	1 730.7	0.001 14	1.540 2	0.550 4	0.066 3
570	1 727.5	0.001 13	1.541 0	0.551 3	0.068 9
575	1 724.3	0.001 11	1.541 9	0.552 3	0.071 6
580	1 721.1	0.001 09	1.542 8	0.553 2	0.074 4
585	1 717.9	0.001 07	1.543 6	0.554 2	0.077 2
590	1 714.8	0.001 04	1.544 5	0.555 1	0.080 2
595	1 711.6	0.001 02	1.545 3	0.556 1	0.083 2
600	1 708.4	0.000 99	1.546 2	0.557 0	0.086 3

参 考 文 献

[1] 王志峰. 太阳能热发电站设计[M]. 北京:化学工业出版社,2012.

[2] 杨金焕,于化丛. 太阳能光伏发电应用技术[M]. 北京:电子工业出版社,2011.

[3] 应仁丽. 塔式太阳能光热发电的熔盐换热器选型[J]. 余热锅炉,2015(3):23-26.

[4] 黄湘,王志峰,李艳红,等. 太阳能热发电技术[M]. 北京:中国电力出版社,2013.

[5] 赵超. 西藏拉萨太阳能发电系统设计及优化[J]. 信息通信,2011(5):47-50.

[6] 温守东. 传热设备操作与控制[M]. 北京:高等教育出版社,2015.

[7] 陈敏恒,丛德滋,方图南,等. 化工原理[M]. 3版. 北京:化学工业出版社,2006.

[8] 顾为朝,高巧琳,苏亚亭. 槽式太阳能热发电项目投资效益分析[J]. 电力勘测设计,2019(2):69-73.

[9] 陈苏苏. 槽式太阳能真空集热管封接技术研究进展[J]. 科技创新与应用,2019(2):26-27.

[10] 雷东强. 高温太阳能集热管研究进展及发展趋势[J]. 新材料产业,2012(7):27-33.

[11] 王杰峰,焦存柱,张粉利,等. 槽式太阳能真空集热管研发的关键技术分析[C]// 中国可再生能源学会. 中国可再生能源学会,2017.

[12] 冯志武. 我国太阳能热发电技术路线探讨[J]. 山西化工,2018,38(5):43-47.

[13] 国家市场监督管理总局,国家标准化管理委员会. 塔式太阳能热发电站吸热器技术要求:GB/T 41303—2022[S]. 北京:中国标准出版社,2022.

[14] 牛志愿,李丽君. 太阳能热发电示范项目现状及分析[J]. 能源与节能,2020(12):76-77.

[15] 刘文闯,樊玉华,杨静. 塔式太阳能热发电技术经济特性分析[J]. 工程技术研究,2017(12):41-43.

[16] 李茂燕. 塔式太阳能发电的全寿命周期成本电价分析[J]. 山东工业技术,2017(4):70.

[17] 王沛,刘德有,许昌,等. 塔式太阳能热发电用空气吸热器研究综述[J]. 华电技术,2015,37(9):68-71.

[18] 徐有杰. 塔式太阳能光热发电熔盐吸热器运行特性与策略研究[D]. 杭州:浙江大学,2020.

[19] 闫勃东. 光热电站蒸汽发生系统设计[J]. 技术与市场,2017,24(6):7-8,11.

[20] 刘冠杰,左钧. 菲涅尔式太阳能集热系统性能研究[J]. 热力发电,2014,43(1):66-68.

[21] 杨小平,杨晓西,丁静,等. 太阳能高温热发电蓄热技术研究进展. 热能动力工程,2011,26(1):1-6.

[22] 陈永,张琛. 碟式斯特林太阳能热发电技术基发展趋势[J]. 上海节能,2016(9):465-469.

[23] 袁兆成. 太阳能斯特林发动机关键技术研究与产品开发[J]. 长春:吉林大学,2011.

[24] 朱辰元,孙海英,梁伟青,等. 碟式斯特林太阳能热发电系统接收器聚热技术[J]. 电力与能源,2013,34(3):270-274.

[25] 姜竹,邹博杨,丛琳,等. 储热技术研究进展与展望[J]. 储能科学与技术网络首发论文,https://kns.cnki.net/kcms/detail/10.1076.TK.20211207.1603.001.html,2021.

[26] 杨慧,童莉葛,尹少武,等. 水合盐热化学储热材料的研究概述[J]. 材料导报,2021,35(17):13.

[27] 林俊光,仇秋玲,罗海华,等. 熔盐储热技术的应用现状[J]. 上海电气技术,2021,14(2):70-73.

[28] 李磊. 熔盐储热技术在光热电站中的应用[J]. 能源与环境,2018(5):26,28.

[29] 张渝,段琼,彭岚. 蒸汽蓄热器的原理及应用[J]. 啤酒科技,2006(2):3.

[30] 初泰青,王钰森. 高温熔盐储热技术常见材料分析[J]. 沈阳工程学院学报,2018,14(1):91-96.